Arbeitsheft
MATHEMATIK

BAND 3

Prozent- und Zinsrechnung
Zuordnungen, Gleichun
Geometrie

Bearbeitet von

J. Peter Böhmer
Ekkehard Jander
Wilfried Schlake
Otto Steinhoff
Paul Zahn

Ernst Klett Schulbuchverlag
Stuttgart Düsseldorf Berlin Leipzig

Gedruckt auf Eural PRO
hergestellt von Papeterie du Bourray
aus 100 % Altpapier.

1. Auflage 1 5 4 3 2 | 1998 97 96 95 94

Alle Drucke dieser Auflage können im Unterricht nebeneinander benutzt werden, sie sind untereinander unverändert.

Die letzte Zahl bezeichnet das Jahr dieses Druckes.

Umschlaggestaltung: Dieter Gebhardt, Asperg
Satz und Satzgrafiken: Satz-Zentrum West GmbH & Co., Dortmund
Druck: Gutmann, Heilbronn
ISBN 3-12-747180-7

Inhaltsverzeichnis

Hinweise

Dieses **Arbeitsheft** kann lehrbuchunabhängig im Unterricht eingesetzt werden:
- zusätzlich zu jedem Lehrwerk
- als alleiniges Begleitwerk für den Mathematikunterricht

Aufbau einer Standardseite:

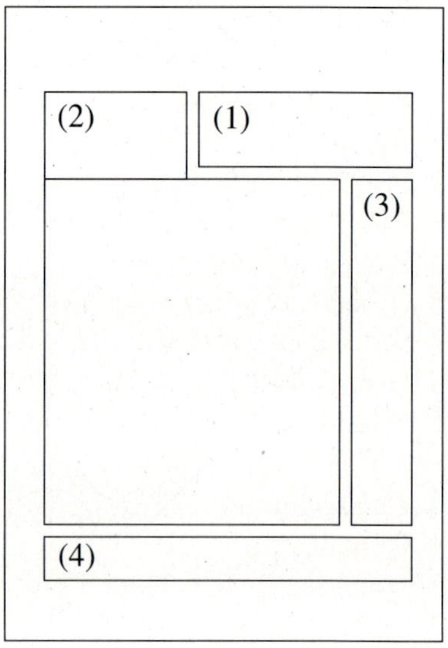

(1) Kasten mit Definitionen, Informationen und Beispielen

(2) – Aufgaben zum direkten Eintragen der Lösungen in vorbereitete Tabellen, Diagramme, Schemata, ...
- Aufgaben in zwei Differenzierungsstufen:
  1 normales Niveau
  •*2* erhöhtes Niveau, Zusatzinhalte
- Lösungen dieser Aufgaben im Lehrerband oder Lösungskontrolle ✓ durch den Schüler

(3) Randspalte mit besonders wichtigen Anmerkungen zur Bearbeitung der Aufgaben:

Hinweise, Tips zur Bearbeitung

Erinnerung an bekannte mathematische Inhalte

⚠ Achtung! Wichtige Regeln und Hinweise

✓ Lösungskontrolle durch Abstreichen möglich

Die Aufgaben (2) sind im Arbeitsheft zu lösen.

(4) Zusätzliche Übungsaufgaben mit gleicher Aufgabenstellung wie im Teil (2), zugehörige Aufgaben haben dabei die gleiche Nummer.
(Aufgabe 3 hat z. B. die Übungsaufgaben 3.1 und 3.2)

Diplomseiten sind als letzte Seite der wichtigen Kapitel des Arbeitsheftes abgedruckt.
Diese Diplomseiten sind als Lernkontrolle gedacht. Die Aufgaben werden in jeweils drei Schwierigkeitsstufen angeboten:

(Stern) leicht; (Mond) mittel; (Sonne) schwierig

Die Schülerinnen und Schüler können zu jeder Aufgabennummer die Schwierigkeitsstufen auswählen.
Es können auch mehrere Aufgaben zu einer Nummer gelöst werden. Es wird nur die beste richtig gelöste Aufgabe zu jeder Aufgabennummer gewertet.
Die Auswertung der Lernkontrolle wird in drei Diplomen (Bronze – Silber – Gold) vorgenommen.
Die Mindestanforderung für die entsprechenden Diplome ist jeweils vorgegeben.

1 Brüche und Dezimalbrüche

Dezimalbrüche würfeln „17 komma 4“

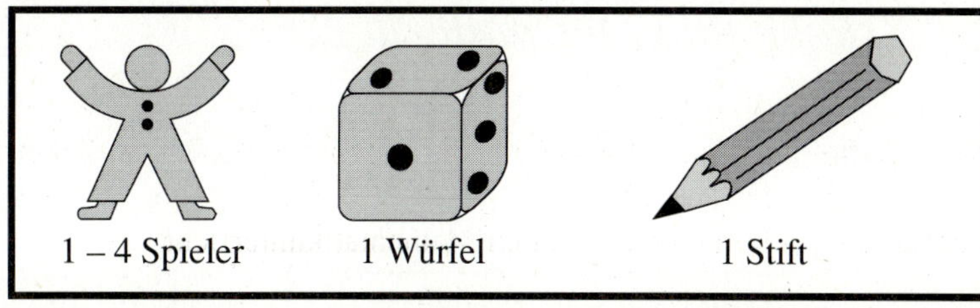

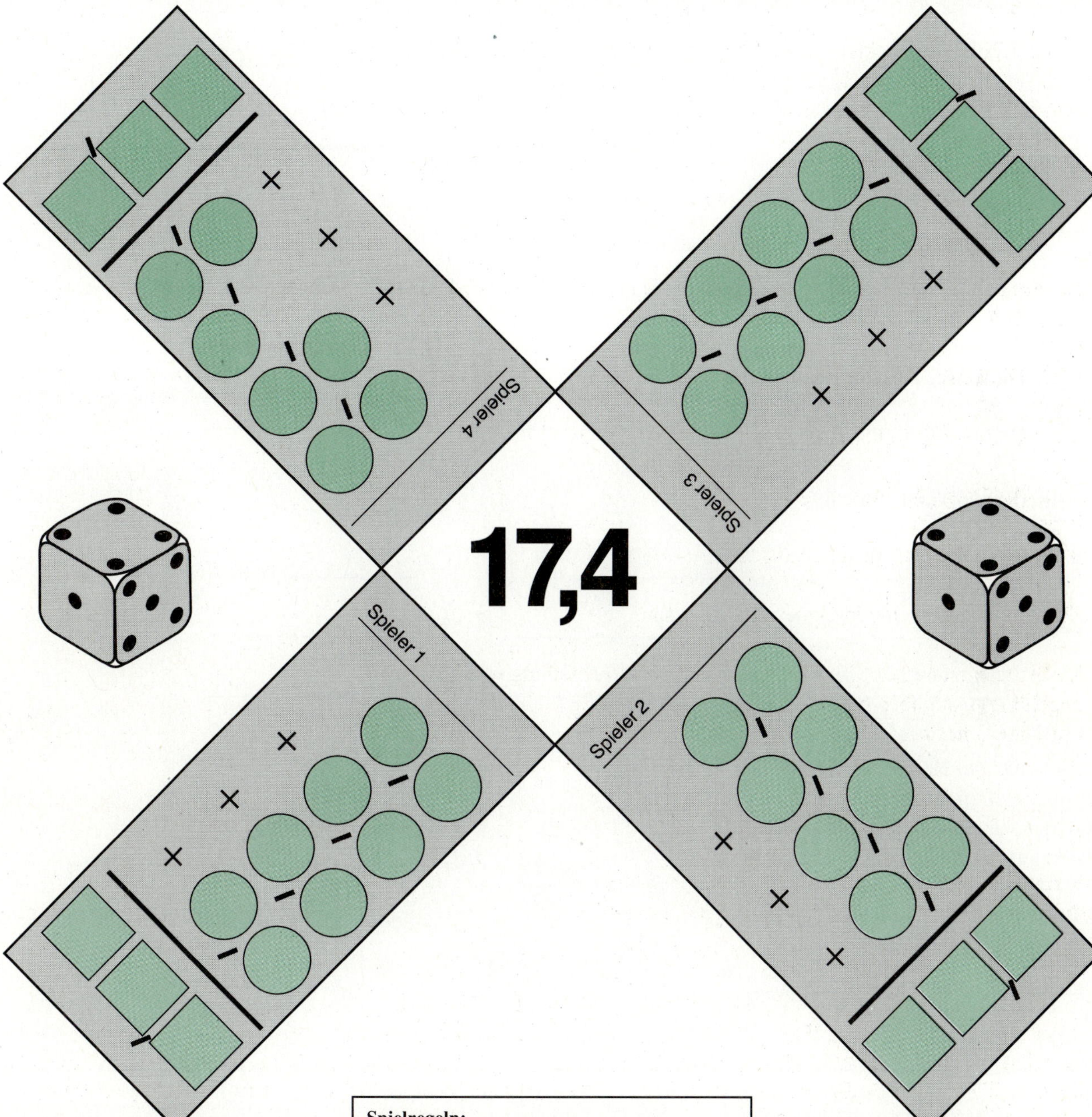

Spielregeln:

1. Es wird abwechselnd **einmal** gewürfelt.
2. Die gewürfelte Zahl wird in ein rundes Feld des eigenen Spielplanes geschrieben.
3. Sind alle Zahlenfelder ausgefüllt, berechnet jeder Spieler die Summe seiner vier Zahlen.
4. Sieger ist, wer die größte Zahl erreicht. Dabei darf 17,4 **nicht** überschritten werden.

1 Brüche und Dezimalbrüche

1 Schreibe als Dezimalbruch.

a) $\frac{17}{50}$ = ________ b) $\frac{3}{50}$ = ________

c) $\frac{8}{5}$ = ________ d) $\frac{27}{5}$ = ________

e) $\frac{13}{20}$ = ________ f) $\frac{11}{20}$ = ________

g) $\frac{7}{25}$ = ________ h) $\frac{17}{25}$ = ________

Bruch ⟶ Dezimalbruch				**Dezimalbruch ⟶ Bruch**		
	Erweitern zum Zehnerbruch				Zehnerbruch kürzen	
$\frac{11}{50}$	$\frac{11 \cdot 2}{50 \cdot 2}$	$= \frac{22}{100}$	0,22	0,08	$\frac{8 :4}{100:4}$	$\frac{2}{25}$
$\frac{2}{125}$	$\frac{2 \cdot 8}{125 \cdot 8}$	$= \frac{16}{1000}$	0,016	0,004	$\frac{4 :4}{1000:4}$	$\frac{1}{250}$
$\frac{13}{5}$	$\frac{13 \cdot 2}{5 \cdot 2}$	$= \frac{26}{10}$	2,6	2,42	$\frac{242:2}{100:2}$	$\frac{121}{50}$

2 Schreibe als Bruch.

a) 0,4 = ________ b) 0,35 = ________ c) 0,145 = ________

d) 0,6 = ________ e) 0,64 = ________ f) 0,240 = ________

g) 1,5 = ________ h) 2,08 = ________ i) 3,12 = ________

j) 3,6 = ________ k) 3,75 = ________ l) 1,064 = ________

Zehnerbrüche:
$\frac{3}{10}$, $\frac{13}{100}$, $\frac{107}{1000}$

Dezimal**brüche** werden auch als Dezimal**zahlen** bezeichnet.

3 Schreibe als Dezimalbruch.

a) $\frac{2}{5}$ = ________ b) $\frac{3}{5}$ = ________ c) $\frac{3}{4}$ = ________

d) $\frac{1}{20}$ = ________ e) $\frac{8}{50}$ = ________ f) $\frac{9}{25}$ = ________

g) $3\frac{1}{4}$ = ________ h) $2\frac{1}{2}$ = ________ i) $3\frac{5}{8}$ = ________

$2\frac{1}{3} = \frac{7}{3}$

4 Auf zwei der Karten sind Bruch und Dezimalbruch **nicht** richtig zugeordnet. Finde die Karten mit den richtigen Zuordnungen und du erhältst ein Lösungswort.

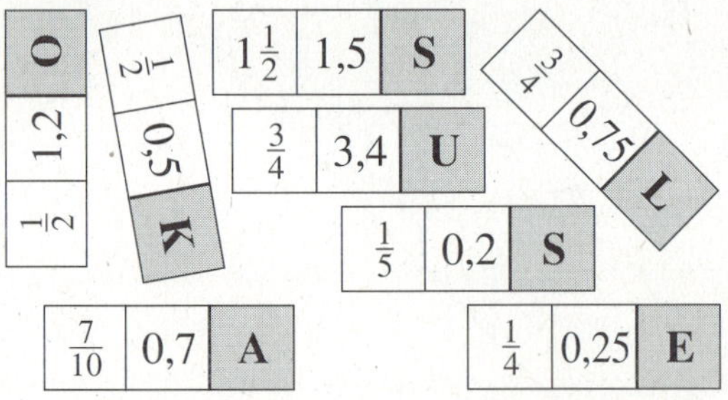

Mathe ist

___ ___ ___ ___ ___ ___

1.1 Schreibe als Dezimalbruch.

a) $\frac{1}{5}$ b) $\frac{4}{5}$ c) $\frac{1}{4}$ d) $\frac{3}{4}$ e) $\frac{1}{8}$
f) $\frac{7}{8}$ g) $\frac{7}{20}$ h) $\frac{23}{25}$ i) $\frac{31}{20}$ j) $\frac{57}{25}$
k) $2\frac{4}{5}$ l) $2\frac{1}{2}$ m) $1\frac{1}{4}$ n) $3\frac{3}{8}$ o) $6\frac{3}{4}$

2.1 Schreibe als Bruch.

a) 0,7 b) 0,46 c) 0,123 d) 0,082 e) 0,521
f) 0,9 g) 0,54 h) 0,212 i) 0,086 j) 0,224
k) 0,2 l) 0,36 m) 0,25 n) 0,75 o) 0,625

2.2 Schreibe als Bruch.

a) 7,2 b) 3,50 c) 8,25 d) 10,75 e) 9,4
f) 6,40 g) 5,55 h) 7,84 i) 4,125 j) 2,375
k) 3,65 l) 1,52 m) 2,008 n) 1,412 o) 6,875

3.1 Schreibe als Dezimalbruch.

a) $\frac{37}{50}$ b) $\frac{49}{50}$ c) $\frac{32}{25}$ d) $\frac{71}{25}$ e) $\frac{7}{40}$
f) $\frac{12}{40}$ g) $\frac{31}{250}$ h) $\frac{4}{125}$ i) $\frac{13}{125}$ j) $\frac{50}{125}$
k) $3\frac{7}{20}$ l) $7\frac{9}{50}$ m) $8\frac{12}{25}$ n) $1\frac{15}{200}$ o) $6\frac{7}{125}$

2 *Erweitern, Kürzen, Vergleichen*

1 Erweitere

	a) mit 6	b) mit 9	c) mit 12
$\frac{4}{7}$			

2 Kürze

	a) durch 4	b) durch 6	c) durch 9
$\frac{36}{72}$			

Brüche erweitern	**Brüche kürzen**
Erweitere $\frac{3}{4}$ mit 5	Kürze $\frac{18}{30}$ durch 6
$\frac{3 \cdot 5}{4 \cdot 5} = \frac{15}{20}$ Zähler und Nenner mit der Erweiterungszahl multiplizieren	$\frac{18:6}{30:6} = \frac{3}{5}$ Zähler und Nenner durch die Kürzungszahl dividieren

3 Bestimme die Erweiterungszahl und notiere die fehlende Zahl.

a) $\frac{2}{7} = \frac{\quad}{49}$ b) $\frac{12}{9} = \frac{\quad}{54}$ c) $\frac{4}{5} = \frac{\quad}{40}$ d) $\frac{14}{17} = \frac{84}{\quad}$

e) $\frac{33}{40} = \frac{\quad}{200}$ f) $\frac{7}{18} = \frac{56}{\quad}$ g) $\frac{15}{23} = \frac{90}{\quad}$ h) $\frac{14}{19} = \frac{\quad}{133}$

4 Kürze soweit wie möglich.

a) $\frac{24}{60} = \frac{6}{15} =$ ______ b) $\frac{48}{96} =$ ______ c) $\frac{42}{72} =$ ______

d) $\frac{27}{81} =$ ______ e) $\frac{56}{42} =$ ______ f) $\frac{90}{120} =$ ______

Schrittweise kürzen
$\frac{80}{120} = \frac{8}{12} = \frac{2}{3}$

5 Vergleiche. Setze passend die Zeichen <, > oder = ein.

a) $\frac{5}{6}$ ___ $\frac{7}{9}$ b) $\frac{3}{7}$ ___ $\frac{3}{5}$ c) $\frac{5}{3}$ ___ $\frac{1}{2}$ d) $\frac{6}{7}$ ___ $\frac{7}{8}$

$\frac{15}{18}$ $\frac{\quad}{18}$

e) $\frac{3}{4}$ ___ $\frac{4}{5}$ f) $\frac{5}{8}$ ___ $\frac{4}{6}$ g) $\frac{8}{9}$ ___ $\frac{9}{11}$ h) $\frac{11}{18}$ ___ $\frac{22}{36}$

1. Auf den Hauptnenner erweitern.
2. Vergleichen.

6 Ordne nach der Größe. Beginne mit dem kleinsten Bruch.

a) $\frac{12}{15}, \frac{8}{15}, \frac{15}{15}, 1\frac{7}{15}, 2\frac{4}{15}, \frac{21}{15}$ b) $\frac{3}{8}, \frac{1}{2}, \frac{7}{8}, \frac{3}{2}, \frac{1}{4}, \frac{3}{4}$

< ______ < ______

1.1 Erweitere a) mit 7 b) mit 8 c) mit 5 d) mit 12
$\frac{3}{4}; \frac{2}{3}; \frac{6}{7}; \frac{8}{9}; \frac{5}{2}; \frac{3}{11}; \frac{7}{3}$

2.1 Kürze a) durch 2 b) durch 3 c) durch 4 d) durch 12
$\frac{48}{84}; \frac{12}{60}; \frac{36}{72}; \frac{24}{72}; \frac{120}{48}; \frac{84}{96}; \frac{60}{120}$

3.1 Notiere die fehlende Zahl.
a) $\frac{4}{5} = \frac{\blacksquare}{40}$ b) $\frac{13}{15} = \frac{\blacksquare}{60}$ c) $\frac{3}{2} = \frac{\blacksquare}{36}$ d) $\frac{21}{29} = \frac{\blacksquare}{87}$

4.1 Kürze soweit wie möglich.
a) $\frac{20}{80}$ b) $\frac{24}{28}$ c) $\frac{18}{40}$ d) $\frac{30}{75}$ e) $\frac{26}{39}$

5.1 Vergleiche. Setze die Zeichen <, > oder = ein.
a) $\frac{2}{3} \blacksquare \frac{2}{5}$ b) $\frac{7}{9} \blacksquare \frac{7}{8}$ c) $\frac{2}{3} \blacksquare \frac{7}{6}$ d) $\frac{5}{6} \blacksquare \frac{6}{7}$ e) $\frac{9}{7} \blacksquare \frac{6}{5}$

6.1 Ordne nach der Größe. Beginne mit dem kleinsten Bruch.
a) $\frac{14}{17}, 1\frac{9}{17}, \frac{12}{17}, 2\frac{4}{17}, \frac{21}{17}, \frac{8}{17}$ b) $\frac{8}{9}, \frac{4}{9}, \frac{7}{9}, \frac{12}{9}, 1\frac{4}{9}, \frac{5}{9}$

3 Brüche addieren und subtrahieren

1 Berechne.

a) $\frac{2}{7} + \frac{5}{4}$

b) $\frac{13}{7} - \frac{4}{5}$

> Brüche mit verschiedenen Nennern addieren (subtrahieren):
>
> $\frac{6}{7} + \frac{3}{4}$
>
> $= \frac{24}{28} + \frac{21}{28}$ (1) Brüche gleichnamig machen.
>
> $= \frac{45}{28}$ (2) Zähler addieren (subtrahieren), Nenner bleibt.
>
> $= 1\frac{17}{28}$ (3) Kürzen und in eine gemischte Zahl verwandeln.

c) $\frac{5}{12} + \frac{5}{8}$

d) $\frac{16}{20} - \frac{2}{3}$

e) $\frac{7}{9} + \frac{3}{4}$

f) $\frac{25}{14} - \frac{3}{4}$

2

a) $2\frac{15}{16} + 3\frac{15}{16}$

b) $4\frac{13}{15} - 2\frac{7}{15}$

c) $6\frac{19}{21} + 3\frac{17}{21}$

3

a) $1\frac{2}{3} + 1\frac{5}{6}$

b) $3\frac{1}{3} - 1\frac{3}{5}$

c) $4\frac{7}{8} + 3\frac{5}{6}$

> Gemischte Zahlen addieren (subtrahieren)
>
> (1) Brüche gleichnamig machen.
>
> (2) Ganze addieren (subtrahieren) und Brüche addieren (subtrahieren).
>
> (3) In eine gemischte Zahl verwandeln und kürzen.

$\frac{2}{15}$; $\frac{17}{28}$; $1\frac{1}{24}$; $1\frac{2}{35}$; $1\frac{19}{36}$; $1\frac{15}{28}$; $1\frac{11}{15}$; $2\frac{2}{5}$; $3\frac{1}{2}$; $6\frac{7}{8}$; $8\frac{17}{24}$; $10\frac{5}{7}$

zu 1 – 3

1.1	a) $\frac{4}{7} + \frac{1}{4}$	b) $\frac{2}{3} + \frac{7}{21}$	c) $\frac{8}{15} + \frac{3}{4}$	d) $\frac{7}{8} + \frac{1}{2}$	**3.1**	a) $6\frac{3}{10} + 8\frac{1}{4}$	b) $2\frac{3}{5} + 2\frac{9}{10}$	c) $6\frac{2}{7} + 7\frac{1}{3}$	d) $3\frac{3}{4} + 6\frac{5}{6}$
	e) $\frac{3}{4} - \frac{1}{6}$	f) $\frac{5}{6} - \frac{2}{3}$	g) $\frac{8}{9} - \frac{5}{6}$	h) $\frac{4}{5} - \frac{2}{9}$		e) $7\frac{7}{8} - 2\frac{1}{4}$	f) $4\frac{7}{9} - 1\frac{2}{5}$	g) $8\frac{13}{14} - 6\frac{5}{6}$	h) $9\frac{5}{8} - 3\frac{1}{4}$
2.1	a) $3\frac{1}{4} + 4\frac{1}{4}$	b) $5\frac{3}{8} + 5\frac{3}{8}$	c) $2\frac{11}{25} + 9\frac{9}{25}$	d) $7\frac{3}{7} + 4\frac{4}{7}$	**3.2**	a) $8\frac{1}{4} - 5\frac{3}{5}$	b) $9\frac{2}{7} - 6\frac{7}{9}$	c) $8\frac{7}{12} - 1\frac{4}{5}$	d) $3\frac{1}{2} - 1\frac{4}{5}$
	e) $6\frac{4}{5} - 2\frac{2}{5}$	f) $8\frac{7}{9} - 1\frac{5}{9}$	g) $7\frac{13}{14} - 5\frac{8}{14}$	h) $9\frac{2}{3} - 3\frac{1}{3}$		e) $5\frac{2}{3} - 4\frac{4}{5}$	f) $2\frac{1}{6} - 1\frac{3}{4}$	g) $6\frac{17}{21} - 3\frac{6}{7}$	h) $4\frac{5}{8} - 3\frac{2}{3}$
2.2	a) $7\frac{1}{5} - 5\frac{2}{5}$	b) $2\frac{1}{8} - 1\frac{3}{8}$	c) $5\frac{1}{2} - 2\frac{1}{2}$	d) $9\frac{3}{8} - 1\frac{5}{8}$	**3.3**	a) $2\frac{1}{2} + 4\frac{2}{3}$	b) $4\frac{3}{4} - 2\frac{1}{2}$	c) $5\frac{5}{6} + 10\frac{1}{9}$	d) $8\frac{2}{5} - 3\frac{5}{6}$
	e) $7\frac{3}{4} + 3\frac{1}{4}$	f) $8\frac{5}{6} + 4\frac{5}{6}$	g) $9\frac{7}{8} + 5\frac{7}{8}$	h) $8\frac{5}{9} + 6\frac{7}{9}$		e) $3\frac{2}{9} + 1\frac{1}{2}$	f) $5\frac{7}{8} - 2\frac{1}{3}$	g) $8\frac{11}{15} + 8\frac{4}{5}$	h) $9\frac{1}{5} - 6\frac{4}{7}$

4 Dezimalbrüche addieren und subtrahieren

1 Berechne:

a) 84,73 + 8,69 + 22,63

b) 46,42 − 9,72 − 34,89

13,52 + 4,72 + 8,35

```
  1 3, 5 2
+   4, 7 2
+   8, 3 5
    1 1
---------
  2 6, 5 9
```

(1) Stellengerecht untereinander schreiben **Komma unter Komma**

(2) Stellenweise addieren (subtrahieren)

71,53 − 45,67 − 3,70

```
  7 1, 5 3
− 4 5, 6 7 ⎫
−   3, 7 0 ⎭ → addieren
    1 1 1
---------
  2 2, 1 6
```

c) 45,92 + 23,84 + 2,45

d) 7,093 + 8,845 + 5,823

e) 7,711 − 0,834

Überträge notieren

2 a) 0,89 + 0,777 + 45,9

b) 38,54 + 69,684 + 2,0871

c) 308,57 + 0,847 + 38,781

Nullen ergänzen

Prüfe das Ergebnis durch eine Überschlagsrechnung.

3 a) 59,834 − 6,91

b) 76,74 − 32,137 − 9,4

c) 563,71 − 7,739 − 78,8999

1,81; 6,877; 21,761; 35,203; 47,567; 52,924; 72,21; 110,3111; 116,05; 348,198; 477,0711

✓ zu 1 – 3

1.1 a) 4,825 + 6,902 + 55,614 b) 7,0235 + 0,0923 + 0,8655 c) 8,241 + 1,143 + 78,889 d) 11,257 + 0,768 + 6,642 e) 71,12 + 89,55 + 99,99 f) 57,659 + 29,519 + 16,773

1.2 a) 656,4 − 364,7 b) 878,7 − 536,4 c) 65,092 − 36,912 d) 74,91 − 60,31 e) 99,45 − 35,44 f) 39,661 − 37,904

2.1 a) 452,72 + 0,83 + 47,11 b) 612,6 + 234,52 + 43,744 c) 69,735 + 78,441 + 0,62 d) 900,26 + 562,7 + 390,0 e) 7,082 + 6,8155 + 0,992 f) 4,9251 + 2,009 + 1,5831 g) 209,31 + 45,8 + 456,099 h) 76,88 + 457,8 + 767,821

2.2 a) 4 589,23 + 1 004,1 + 742 b) 924,81 + 32,811 + 90,555 c) 115,9 + 209,92 + 178,5 d) 7 852,671 + 234,82 + 57,88

3.1 a) 78,667 − 13,88 − 9,562 b) 778,412 − 443,4 − 100,826 c) 511,86 − 5,981 − 0,004 d) 63,09 − 43,721 − 17,9912 e) 84,555 − 73,9 − 7,229 f) 2,970 − 0,85 − 1,7776

3.2 a) 678,8 − 232,88 − 98,455 b) 581,57 − 381,3 − 200,001 c) 89,345 − 38,92 − 19,86 d) 61,34 − 22,222 − 34,9 e) 88,19 − 56,3 − 17,945 f) 8 834 − 5 891,9 − 355,998 g) 0,845 − 0,12 − 0,4553 h) 7,77 − 3,6229 − 0,898

5 *Brüche multiplizieren und dividieren*

1 Berechne. Kürze, wenn möglich.

a) $\frac{14}{30} \cdot \frac{6}{21}$

$= \frac{14 \cdot 6}{30 \cdot 21}$

b) $\frac{9}{10} \cdot \frac{25}{36}$

$= \frac{9 \cdot}{}$

Brüche multiplizieren		Brüche dividieren	
$\frac{7}{10} \cdot \frac{2}{21}$	(1) Zähler mal Zähler, Nenner mal Nenner	$\frac{2}{3} : \frac{7}{15}$	(1) Mit dem Kehrwert multiplizieren
$= \frac{7 \cdot 2}{10 \cdot 21}$		$= \frac{2 \cdot 15}{3 \cdot 7}$	
$= \frac{{}^{1}\not{7} \cdot \not{2}^{1}}{{}_{5}\not{10} \cdot \not{21}_{3}}$	(2) Wenn möglich: kürzen	$= \frac{2 \cdot \not{15}^{5}}{{}_{1}\not{3} \cdot 7}$	(2) Wenn möglich: kürzen
$= \frac{1}{15}$	(3) Multipliziere	$= \frac{10}{7}$	(3) Multipliziere

c) $\frac{3}{6} : \frac{9}{2}$ d) $\frac{4}{7} : \frac{8}{14}$ e) $\frac{9}{49} : \frac{54}{63}$ f) $\frac{21}{40} : \frac{7}{24}$

2 a) $\frac{18}{24} \cdot \frac{4}{15}$ b) $\frac{32}{20} \cdot \frac{2}{28}$ c) $1\frac{2}{3} \cdot 2\frac{1}{10}$ d) $4\frac{2}{7} \cdot 4\frac{1}{5}$

⚠ Gemischte Zahlen zuerst verwandeln: $1\frac{2}{3} = \frac{5}{3}$

3 a) $\frac{5}{3} : \frac{9}{12}$ b) $\frac{45}{48} : \frac{54}{12}$ c) $4\frac{7}{12} : 1\frac{1}{10}$ d) $3\frac{1}{2} : 5\frac{5}{6}$

*$\frac{1}{9}$; $\frac{4}{35}$; $\frac{2}{15}$; $\frac{1}{5}$; $\frac{5}{8}$; $\frac{3}{14}$; $\frac{5}{24}$; $\frac{3}{5}$; **1**; $\frac{9}{5}$; $\frac{20}{9}$; $\frac{7}{2}$; $\frac{25}{6}$; **18***

✓ zu 1 – 3

1.1 a) $\frac{15}{16} \cdot \frac{8}{45}$ b) $\frac{26}{40} \cdot \frac{45}{13}$ c) $\frac{60}{72} \cdot \frac{36}{48}$ d) $\frac{38}{35} \cdot \frac{5}{19}$
e) $\frac{5}{9} \cdot \frac{9}{4}$ f) $\frac{3}{7} \cdot \frac{8}{2}$ g) $\frac{6}{5} \cdot \frac{25}{24}$ h) $\frac{32}{12} \cdot \frac{3}{5}$
i) $\frac{4}{7} \cdot \frac{35}{20}$ j) $\frac{8}{9} \cdot \frac{54}{64}$ k) $\frac{3}{4} \cdot \frac{17}{36}$ l) $\frac{81}{60} \cdot \frac{5}{3}$

1.2 a) $\frac{7}{3} : \frac{6}{9}$ b) $\frac{2}{5} : \frac{6}{25}$ c) $\frac{6}{7} : \frac{3}{14}$ d) $\frac{10}{3} : \frac{5}{9}$
e) $\frac{11}{13} : \frac{7}{39}$ f) $\frac{21}{17} : \frac{21}{17}$ g) $\frac{24}{20} : \frac{36}{15}$ h) $\frac{46}{70} : \frac{1}{35}$
i) $\frac{18}{21} : \frac{6}{14}$ j) $\frac{15}{7} : \frac{60}{3}$ k) $\frac{28}{39} : \frac{42}{13}$ l) $\frac{55}{90} : \frac{11}{15}$

1.3 a) $\frac{6}{7} \cdot \frac{28}{12}$ b) $\frac{8}{9} \cdot \frac{63}{28}$ c) $\frac{3}{4} : \frac{9}{32}$ d) $\frac{15}{7} : \frac{30}{42}$
e) $\frac{15}{21} \cdot \frac{21}{45}$ f) $\frac{24}{37} : \frac{72}{37}$ g) $\frac{11}{16} \cdot \frac{80}{66}$ h) $\frac{42}{57} : \frac{14}{171}$
i) $\frac{17}{27} \cdot \frac{9}{34}$ j) $\frac{75}{27} : \frac{105}{108}$ k) $\frac{18}{72} \cdot \frac{12}{90}$ l) $\frac{56}{96} : \frac{8}{16}$

2.1 a) $2\frac{1}{4} \cdot \frac{8}{27}$ b) $\frac{4}{17} \cdot 2\frac{1}{8}$ c) $3\frac{1}{3} \cdot \frac{15}{20}$ d) $\frac{7}{24} \cdot 3\frac{3}{4}$
e) $2\frac{2}{3} \cdot 2\frac{2}{9}$ f) $2\frac{6}{7} \cdot 3\frac{3}{4}$ g) $3\frac{3}{5} \cdot 1\frac{7}{8}$ h) $5\frac{1}{2} \cdot 1\frac{5}{6}$
i) $5\frac{2}{5} \cdot 1\frac{1}{10}$ j) $8\frac{1}{3} \cdot 2\frac{2}{5}$ k) $8\frac{2}{8} \cdot 1\frac{3}{8}$ l) $4\frac{6}{7} \cdot 2\frac{5}{6}$

3.1 a) $6\frac{3}{5} : \frac{11}{15}$ b) $5\frac{5}{6} : \frac{14}{56}$ c) $\frac{25}{48} : \frac{45}{36}$ d) $\frac{4}{14} : \frac{8}{7}$
e) $5\frac{3}{7} : 4\frac{1}{5}$ f) $8\frac{2}{3} : 3\frac{5}{6}$ g) $9\frac{5}{8} : 2\frac{1}{5}$ h) $9\frac{3}{4} : 2\frac{5}{8}$
i) $3\frac{1}{4} : 2\frac{3}{5}$ j) $4\frac{1}{8} : 3\frac{3}{10}$ k) $6\frac{5}{7} : 3\frac{5}{14}$ l) $4\frac{1}{2} : 4\frac{2}{4}$

3.2 a) $2\frac{2}{3} : 2\frac{2}{9}$ b) $1\frac{5}{7} \cdot 3\frac{2}{4}$ c) $3\frac{3}{4} : 1\frac{7}{8}$ d) $5\frac{1}{4} \cdot 1\frac{5}{7}$
e) $3\frac{3}{5} : 3\frac{3}{7}$ f) $1\frac{1}{2} \cdot 1\frac{1}{9}$ g) $6\frac{4}{7} : 9\frac{2}{10}$ h) $2\frac{3}{4} \cdot 3\frac{6}{22}$
i) $8\frac{8}{9} : 5\frac{1}{3}$ j) $9\frac{4}{9} \cdot 3\frac{3}{5}$ k) $3\frac{1}{7} : 3\frac{4}{10}$ l) $6\frac{1}{9} \cdot 5\frac{2}{5}$

6 *Dezimalbrüche und dividieren*

1 Setze das fehlende Komma im Ergebnis.

a) 6,542 · 2,6 = 17 0092

b) 0,08 · 3,853 = 30824

2 Verschiebe das Komma so, daß man durch eine natürliche Zahl teilt.

a) 9,414 : 18 = ______ b) 6,551 : 0,25 = ______

Multiplizieren

	•	•			•
4,	5	6	·	3,	1
	1	3	6	8	
			4	5	6
		1	1		
	1	4,	1	3	6
			•	•	•

(1) Multiplizieren
(2) Stellen nach dem Komma zählen und addieren
(3) Komma im Ergebnis setzen

Dividieren

5,	4	4	:	1,	7	=		
→				→				
(1) Komma verschieben.								
5	4,	4	:	1	7	=	3,	2
5	1	(2) Dividieren ↑						
	3	4						
	3	4						
		0						

(3) Wird das Komma überschritten, das Komma im Ergebnis setzen.
(4) Weiter dividieren.

3 a) 9 2, 6 4 · 8 0 5

b) 0, 4 6 2 · 3 8, 5

c) 4, 5 9 1 · 0, 7 8

Prüfe das Ergebnis durch eine Überschlagsrechnung.

4

a) 6, 5 6 4 : 1 2 =

b) $\frac{7}{11}$ 7 : 1 1 =

c) 1 5, 1 8 : 2, 4 =

Verwandlung eines Bruches in einen Dezimalbruch

$\frac{3}{17}$ = 3 : 17

✓ zu 3 – 4

0,547; 0,$\overline{63}$; 3,58098; 6,325; 17,7870; 74 575,20

1.1 Setze das fehlende Komma im Ergebnis.

a) 8,835 · 9,6 = 848160
b) 1,257 · 1,47 = 184779
c) 22,67 · 1,43 = 324181
d) 88,45 · 3,67 = 3246115
e) 2,067 · 0,56 = 115752
f) 0,812 · 78,9 = 640668

2.1 Verschiebe das Komma.

a) 41,82 : 1,5
b) 3371,2 : 3,5
c) 3,1056 : 0,12
d) 48,84 : 0,22
e) 40,8249 : 0,9
f) 0,009 : 0,3
g) 14,4432 : 3,6
h) 7,7 : 0,25
i) 42,432 : 5,1
j) 0,0042 : 0,02
k) 1550 : 3,2
l) 80,04 : 1,2

3.1 a) 41,8 · 1,5
b) 3371,2 · 3,5
c) 3,1056 · 0,12
d) 15,62 · 10,85
e) 70,66 · 34,1
f) 8,944 · 3,55
g) 71,825 · 5,82
h) 400,1 · 21,3
i) 0,0073 · 12,1
j) 6,045 · 3,05
k) 7,85 · 6,52
l) 15,72 · 0,049

4.1 a) 1,28 : 4
b) 3,36 : 8
c) 5,73 : 6
d) 4,767 : 7
e) 4,77 : 9
f) 3,64 : 7
g) 5,12 : 8
h) 4,15 : 5
i) 2,04 : 6
j) 3,52 : 9
k) 3,96 : 4

4.2 a) 8,19 : 1,3
b) 0,35354 : 0,11
c) 1,778 : 0,12
d) 16,9416 : 3,2
e) 58,59 : 1,8
f) 68,374 : 1,7
g) 7,4781 : 2,1
h) 259,486 : 4,6
i) 23,085 : 8,1
j) 18,34 : 3,5
k) 10,8284 : 4,6
l) 32,8225 : 0,95

4.3 a) $\frac{2}{9}$ b) $\frac{7}{9}$ c) $\frac{5}{7}$ d) $\frac{9}{7}$ e) $\frac{3}{11}$ f) $\frac{9}{11}$
g) $\frac{1}{12}$ h) $\frac{5}{12}$ i) $\frac{1}{24}$ j) $\frac{5}{24}$ k) $\frac{1}{15}$ l) $\frac{7}{15}$
m) $\frac{2}{3}$ n) $\frac{20}{3}$ o) $\frac{13}{4}$ p) $2\frac{2}{9}$ q) $1\frac{7}{9}$ r) $\frac{25}{11}$

7 Bunte Mischung

1 Vergleiche. Setze passend <, > oder = ein.

a) $\frac{4}{5}$ ___ $\frac{13}{15}$ b) $\frac{5}{8}$ ___ $\frac{7}{12}$

______________ ______________

2 Kürze soweit wie möglich.

a) $\frac{36}{48}$ = __________ b) $\frac{27}{72}$ = __________

c) $\frac{54}{96}$ = __________ d) $\frac{90}{150}$ = __________

Beim Vergleichen die Brüche auf den Hauptnenner erweitern.

3

a) $3\frac{5}{8} + 2\frac{3}{4}$ b) $4\frac{15}{18} - 2\frac{1}{5}$ c) $1\frac{1}{8} \cdot \frac{4}{15}$ d) $\frac{15}{18} : 2\frac{1}{12}$

= ______ = ______ = ______ = ______

= ______ = ______ = ______ = ______

= ______ = ______ = ______ = ______

Bei · und : die Gemischten Zahlen zuerst verwandeln: $1\frac{1}{8} = \frac{9}{8}$

$\frac{3}{10}$; $\frac{3}{8}$; $\frac{2}{5}$; $\frac{9}{16}$; $\frac{3}{5}$; $\frac{3}{4}$; $2\frac{19}{30}$; $6\frac{3}{8}$

✓ zu 2 – 3

4

a) 7,229 + 13,66 + 1,333 b) 1 170,4 – 392,63 c) 67,836 – 10,592 – 12,8

5

a) 58,6 · 3,09 b) 1,19 : 3,4 c) $\frac{8}{15}$

5	8,	6	·	3,	0	9

1,	1	9	:	3,	4	=

8	:	1	5	=

0,35; $0,5\overline{3}$; 22,222; 44,444; 777,77; 181, 074

✓ zu 4 – 5

2.1 Kürze soweit wie möglich.
a) $\frac{12}{20}$ b) $\frac{48}{64}$ c) $\frac{60}{90}$ d) $\frac{72}{132}$ e) $\frac{80}{192}$ f) $\frac{165}{300}$

3.1 a) $2\frac{1}{5} + \frac{3}{4}$ b) $\frac{4}{5} + 3\frac{1}{2}$ c) $4\frac{2}{3} + \frac{4}{5}$ d) $\frac{5}{6} + 5\frac{4}{5}$
e) $4\frac{4}{5} - 1\frac{1}{6}$ f) $3\frac{3}{4} - 3\frac{1}{5}$ g) $7\frac{8}{9} - 4\frac{5}{6}$ h) $4\frac{5}{6} - 2\frac{3}{7}$

3.2 a) $\frac{2}{7} \cdot \frac{28}{32}$ b) $\frac{5}{6} \cdot \frac{48}{35}$ c) $5\frac{5}{8} \cdot 3\frac{5}{9}$ d) $7\frac{1}{9} \cdot 3\frac{3}{5}$
e) $\frac{4}{5} : \frac{16}{20}$ f) $\frac{7}{8} : \frac{7}{24}$ g) $7\frac{1}{5} : 2\frac{6}{9}$ h) $9\frac{7}{9} : \frac{2}{3}$

4.1 a) 8,54 + 34,78 + 9,7 b) 789,12 + 345,666 + 45,897
c) 55,3 + 21,7 + 78,888 d) 1 023,6 + 4 375,83 + 6 789,77

4.2 a) 97,74 – 74,9 b) 861,22 – 128,72 c) 82,33 – 23,55
d) 0,027 – 0,0088 e) 872,36 – 346,8 f) 43,55 – 8,787

4.3 a) 83,5 – 34,59 – 7,9 b) 6 912,44 – 3 710,09 – 2 881,2
c) 110,09 – 67,84 – 39,099 d) 3 641,7 – 1 901,25 – 989,771

5.1 a) 5,76 · 9,5 b) 26,7 · 50,4 c) 234,1 · 2,054
d) 78,73 · 22,34 e) 81,6 · 34,7 f) 346,8 · 5,06

5.2 Berechne.
a) $\frac{1}{3}$ b) $\frac{5}{6}$ c) $\frac{5}{9}$ d) $\frac{4}{11}$ e) $\frac{7}{12}$ f) $\frac{13}{15}$

DIPLOM

	☆	☾	☼
1	a) Schreibe als Dezimalbruch. $\frac{9}{10}$ = ______ b) Schreibe als Bruch. 0,07 = ______	a) Schreibe als Dezimalbruch. $\frac{1}{4}$ = ______ b) Schreibe als Bruch. 0,023 = ______	a) Schreibe als Dezimalbruch. $\frac{4}{5}$ = ______ b) Schreibe als Bruch. 1,25 = ______
2	a) Erweitere mit 4: $\frac{3}{8}$ = ______ b) Kürze durch 5: $\frac{25}{30}$ = ______	Kürze soweit wie möglich. $\frac{32}{48}$ = ______	Kürze soweit wie möglich. $\frac{48}{120}$ = ______
3	Vergleiche. Setze <, > oder = ein. $\frac{9}{11}$ ____ $\frac{5}{11}$ $\frac{3}{4}$ ____ $1\frac{1}{4}$	Vergleiche. Setze <, > oder = ein. $\frac{4}{7}$ ____ $\frac{4}{9}$ $\frac{5}{9}$ ____ $\frac{2}{3}$	Vergleiche. Setze <, > oder = ein. $\frac{4}{5}$ ____ $\frac{13}{15}$ $\frac{6}{7}$ ____ $\frac{7}{8}$
4	$\frac{1}{4} + \frac{2}{3}$ ______	$\frac{4}{6} + \frac{4}{5}$ ______	$3\frac{3}{5} - 1\frac{5}{8}$ ______
5	14,517 + 15,297 + 20,113	870,56 – 474,58	47,92 – 24,8 – 6,987
6	Berechne. $\frac{2}{3} \cdot \frac{1}{7}$ ______	Berechne. Kürze soweit wie möglich. $\frac{15}{18} \cdot 1\frac{1}{5}$ ______	Berechne. Kürze soweit wie möglich. $2\frac{5}{6} : 5\frac{1}{3}$ ______
7	3, 6 4 · 1, 5 3	4 0, 6 3 · 7 0, 8	2, 3 1 2 : 3, 4 =
	Bronze: ☆ ☆ ☆ ☆ ☆ ☆	Silber: ☾ ☾ ☾ ☾ ☆ ☆ ☆	Gold: ☼ ☼ ☼ ☼ ☾ ☾ ☾

1 Anteile

1 Gib den Anteil als gekürzten Bruch an.

a) 6 Schüler von 18 Schülern

____

b) 14 DM von 35 DM

____

c) 15 Bälle von 40 Bällen

____

18 Schüler von 24 Schülern sind Fahrschüler.
Der Anteil der Fahrschüler in der Klasse ist
$\frac{18}{24} = \frac{3}{4}$

d) 5 DM von 10 DM ______ e) 10 kg von 30 kg ______ f) 18 cm von 27 cm ______

g) 21 Eier von 35 Eiern ______ h) 18 Spiele von 30 Spielen ______ i) 6 Autos von 8 Autos ______

✓ zu 1

$\frac{1}{3}$; $\frac{1}{3}$; $\frac{3}{8}$; $\frac{2}{5}$; $\frac{1}{2}$; $\frac{3}{5}$; $\frac{3}{5}$; $\frac{2}{3}$; $\frac{3}{4}$

2 Gib den Anteil der gefärbten Fläche an der Gesamtfläche als gekürzten Bruch an.

a) b) c) d) e)

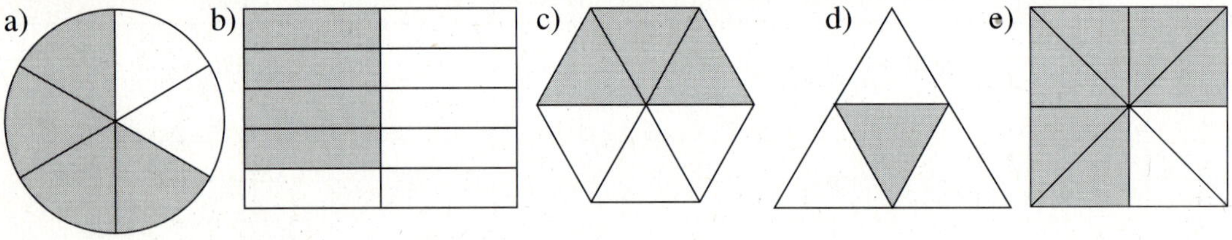

______ ______ ______ ______ ______

3 Schreibe die Anteile als Brüche und vergleiche.

a) 9 DM von 10 DM $\frac{9}{10} = \frac{27}{30}$ ______

13 DM von 15 DM $\frac{13}{15} = \frac{\ }{30}$ ______

$\frac{27}{30} > \frac{\ }{30}$ also $\frac{9}{10} >$ ______

b) 8 DM von 25 DM ______

3 DM von 10 DM ______

______

Vergleichen über den Hauptnenner: **k**leinstes **g**emeinsames **V**ielfaches von 25 und 10
kgV (25; 10) = 50
$\frac{8}{25} = \frac{16}{50}$; $\frac{3}{10} = \frac{15}{50}$

1.1 Gib den Anteil als gekürzten Bruch an.

a) 17 DM von 20 DM
b) 16 DM von 40 DM
c) 36 DM von 60 DM
d) 285 l von 300 l
e) 60 l von 75 l
f) 30 m von 500 m

2.1 Gib den Anteil der gefärbten Fläche an der Gesamtfläche als gekürzten Bruch an.

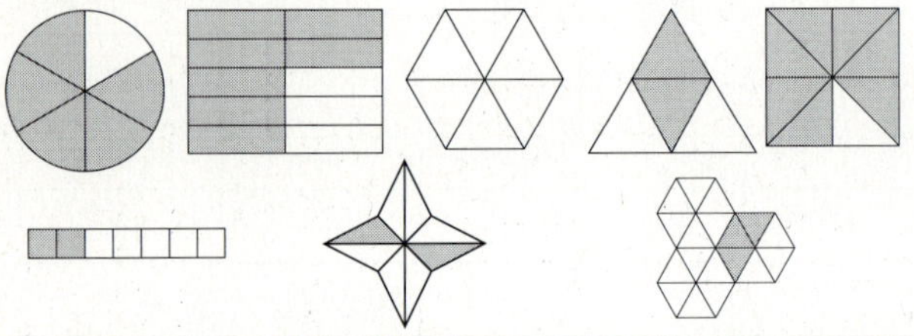

3.1 Bestimme für jede Klasse den Anteil der Mädchen. In welcher Klasse ist er am höchsten, in welcher am geringsten?

Klasse	7a	7b	7c
alle Schüler	24	20	25
Mädchen	12	5	10

3.2 Schreibe die Anteile als Brüche und vergleiche.

a) 9 Autos von 30 Autos
10 Autos von 40 Autos

b) 15 kg von 150 kg
5 kg von 45 kg

c) 50 m von 200 m
60 m von 300 m

d) 8 Bälle von 28 Bällen
9 Bälle von 27 Bällen

2 Prozent

1 Schreibe in Prozent.

a) $\frac{1}{100}$ = ________ b) $\frac{5}{100}$ = ________

c) $\frac{7}{100}$ = ________ d) $\frac{9}{100}$ = ________

e) $\frac{12}{100}$ = ________ f) $\frac{35}{100}$ = ________

g) $\frac{122}{100}$ = ________ h) $\frac{230}{100}$ = ________

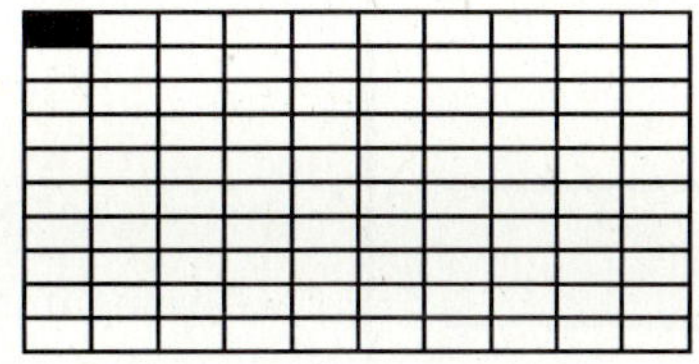

$\frac{1}{100} = 1\%$ 1 Prozent

Schreibe in Prozent:

$\frac{3}{4} = \frac{75}{100} = 75\%$

$0{,}37 = \frac{37}{100} = 37\%$

2 Schreibe in Prozent.

a) $\frac{1}{2}$ = ________ b) $\frac{1}{4}$ = ________ c) $\frac{1}{5}$ = ________ d) $\frac{1}{10}$ = ________

e) $\frac{2}{2}$ = ________ f) $\frac{3}{4}$ = ________ g) $\frac{37}{50}$ = ________ h) $\frac{14}{200}$ = ________

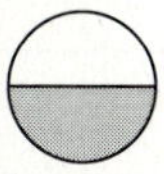

$\frac{1}{2} = 0{,}5 = 50\%$

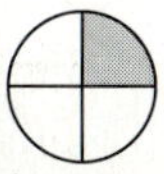

$\frac{1}{4} = 0{,}25 = 25\%$

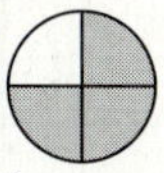

$\frac{3}{4} = 0{,}75 = 75\%$

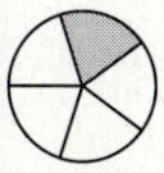

$\frac{1}{5} = 0{,}2 = 20\%$

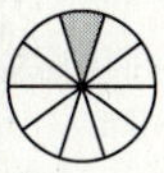

$\frac{1}{10} = 0{,}1 = 10\%$

3 Schreibe in Prozent.

a) 0,5 $= \frac{50}{100} =$ ________ b) 0,25 = ________ c) 0,75 = ________ d) 0,2 = ________

e) 0,37 = ________ f) 0,05 = ________ g) 3,75 = ________ h) 2,73 = ________

4 Schreibe als Bruch. Kürze, wenn möglich.

a) 20% b) 25% c) 5% d) 40% e) 80%

________ ________ ________ ________ ________

5 Gib den Anteil in Prozent an.

a) 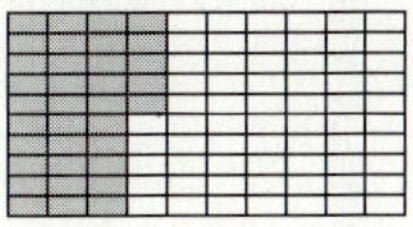 b) 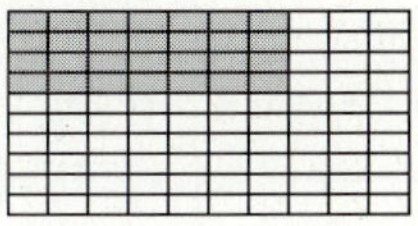 c) 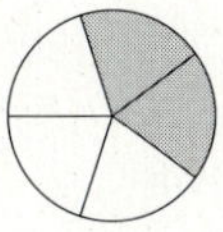 d) 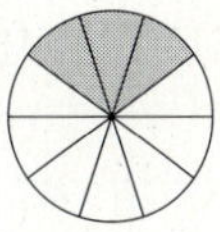

________ ________ ________ ________

21%; 30%; 35%; 40%

✓ zu 5

1.1 Schreibe in Prozent.

a) $\frac{15}{100}$ b) $\frac{21}{100}$ c) $\frac{85}{100}$ d) $\frac{99}{100}$ e) $\frac{115}{100}$ f) $\frac{217}{100}$

2.1

a) $\frac{1}{4}$ b) $\frac{2}{5}$ c) $\frac{7}{10}$ d) $\frac{17}{20}$ e) $\frac{22}{25}$ f) $\frac{27}{50}$

g) $\frac{40}{200}$ h) $\frac{36}{300}$ i) $\frac{124}{400}$ j) $\frac{3}{150}$ k) $\frac{5}{250}$ l) $\frac{11}{110}$

3.1 Schreibe in Prozent.

a) 0,3 b) 0,7 c) 0,05 d) 0,09 e) 0,6 f) 0,9

g) 0,13 h) 0,27 i) 0,43 j) 0,71 k) 0,42 l) 0,39

m) 1,05 n) 1,2 o) 4,2 p) 3,12 q) 3,12 r) 2,02

4.1 Schreibe als Bruch. Kürze, wenn möglich.

a) 10% b) 30% c) 50% d) 75% e) 60% f) 90%

g) 2% h) 5% i) 8% j) 6% k) 4% l) 7%

m) 125% n) 175% o) 250% p) 100% q) 400% r) 1 000%

5.1 Gib den Anteil in Prozent an.

a) 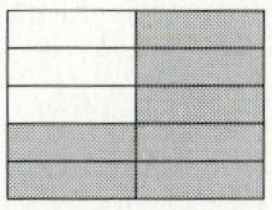 b) 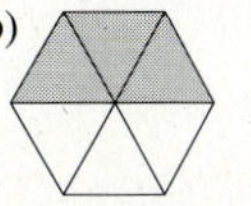 c) 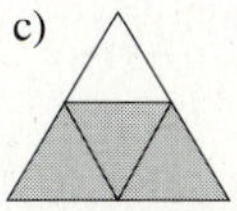 d) 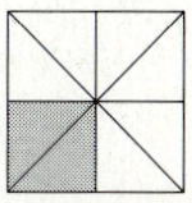

3 *Prozentwert berechnen*

1 Berechne den Prozentwert auf zwei Arten 25% von 60 DM.

Wieviel g sind 60% von 250 g?

Grundwert	Prozentsatz	Prozentwert
G	p%	P
250 g	· 60% →	P

1. Lösung mit Dezimalbrüchen	2. Lösung mit Brüchen
250 g · 60%	250 g · 60%
= 250 g · 0,60	$= 250\text{ g} \cdot \frac{3}{5}$
= 150 g	= 150 g

2 Bestimme den Prozentwert.

a) 1% von 200 DM   b) 4% von 200 DM   c) 80% von 200 DM

3 a) 27% von 4,6 m^2 b) 39% von 8,2 m^2 c) 125% von 321,8 m^2

Formel

$$P = \frac{G \cdot p}{100}$$

Beispiel

G = 250 g
p = 60

$$P = \frac{250\text{ g} \cdot 60}{100} = 150\text{ g}$$

zu 3

1,242 m^2; 3,198 m^2; 402,25 m^2

4 Kartoffeln bestehen zu 76% aus Wasser. Wieviel Gramm Wasser sind in 750 g Kartoffeln enthalten?

Grundwert   Prozentsatz   Prozentwert

Rechnung:

5 Eine Kücheneinrichtung kostet 9000 DM. Bei Barzahlung darf Herr Krause 5% des Kaufpreises abziehen. Wieviel DM darf er abziehen?

Grundwert   Prozentsatz   Prozentwert

Rechnung:

1.1 Berechne den Prozentwert.

a) 1% von 500 DM   b) 2% von 500 DM
c) 1% von 155 kg   d) 5% von 155 kg

2.1 a) 30% von 48 cm   b) 26% von 26 ha
c) 130% von 1 700 DM   d) 250% von 19 km
e) 19% von 0,7 l   f) 8% von 0,5 l

3.1 a) 4,8% von 64 DM   b) 18,3% von 470 kg
c) 12,4% von 240 DM   d) 0,2% von 420 t

4.1 Der Sportarzt stellt fest: „80% der 180 untersuchten Jugendlichen hatten Fußschäden.“ Bestimme die Anzahl.

4.2 Untersuchungen ergaben, daß 15% des unsortierten Hausmülls kompostiert werden können. Wieviel l sind das bei einer 240-l-Tonne unsortierten Mülls?

5.1 70% des Reingewinns beim Schulfest sollen gespendet werden. Der Gewinn betrug 780 DM.

4 *Prozentsatz berechnen*

1 Berechne den Prozentsatz auf zwei Arten 24 kg von 25 kg.

p% = ____________________

p% = ____________________

Wieviel Prozent sind 120 g von 300 g?

Grundwert	Prozentsatz	Prozentwert
G	p%	P
300 g	· p% →	120 g

1. Lösung mit Dezimalbrüchen

p% = 120 : 300 = 0,40 = 40%

2. Lösung mit Brüchen

$p\% = \frac{123}{300} = \frac{40}{100} = 40\%$

2 Berechne den Prozentsatz durch geschicktes Kürzen oder Erweitern.

a) 7 DM von 10 DM b) 8 DM von 20 DM c) 3 DM von 4 DM

d) 88 DM von 400 DM e) 18 DM von 900 DM f) 69 DM von 300 DM

3 Berechne den Prozentsatz indem du den Prozentwert durch den Grundwert dividierst.

a) 15 cm von 60 cm b) 18 cm von 60 cm c) 36 cm von 48 cm

4 Radarkontrolle. Von 350 gemessenen Autos fuhren 42 zu schnell. Wieviel Prozent der gemessenen Autos waren das?

Grundwert Prozentsatz Prozentwert

Erweitere oder kürze auf $\frac{p}{100}$

Formel

$p\% = \frac{P}{G}$

Beispiel

P = 120 g

G = 300 g

$p\% = \frac{120}{300} = 40\%$

✓ zu 1 – 3

2; 22; 23; 25; 25; 26; 30; 40; 70; 70; 75; 75; 96

1.1 Schreibe den Prozentsatz auf:

a) 29 DM von 100 DM b) 54 DM von 100 DM

c) 98 DM von 100 DM d) 15 DM von 100 DM

2.1 Berechne den Prozentsatz durch geschicktes Kürzen oder Erweitern:

a) 23 l von 50 l b) 20 l von 24 l

c) 99 l von 200 l d) 120 l von 400 l

3.1 Berechne den Prozentsatz, indem du den Prozentwert durch den Grundwert dividierst.

a) 12 cm von 30 cm b) 24 cm von 40 cm

c) 18 cm von 60 cm d) 12 cm von 15 cm

e) 36 kg von 45 kg f) 84 kg von 150 kg

g) 13 kg von 65 kg h) 90 kg von 125 kg

4.1 Petra kauft 20 Lose, davon sind 7 Gewinne. Wieviel Prozent ihrer Lose waren Gewinne?

5 *Grundwert berechnen*

1 Berechne den Grundwert auf zwei Arten
40% von ■ ist 360 DM

40% von ■ ist 120 g

Grundwert	Prozentsatz	Prozentwert
G	p%	P
	· 40% →	
G	← : 40%	120 g

1. Lösung mit Dezimalbrüchen
$G = 120\text{ g} : 40\%$
$= 120\text{ g} : 0{,}4$
$= 300\text{ g}$

2. Lösung mit Brüchen
$G = 120\text{ g} : \frac{40}{100}$
$= 120\text{ g} \cdot \frac{100}{40}$
$= 300\text{ g}$

2 Berechne den Grundwert.
a) 10% von ■ ist 60 DM
b) 50% von ■ ist 36 DM
c) 75% von ■ ist 150 DM
d) 11% von ■ ist 66 a
e) 13% von ■ ist 52 a
f) 8% von ■ ist 72 a

Formel
$G = \frac{P \cdot 100}{p}$

Beispiel
$p\% = 40\ \%$
$P = 120\text{ g}$
$G = \frac{120\text{ g} \cdot 100}{40}$
$= 300\text{ g}$

✓ zu 2
72; 200; 400; 600; 600; 900

3 Für die Autohaftpflicht zahlt Frau Pflug 630 DM. Das sind 60% der vollen Prämie. Wieviel DM beträgt die volle Prämie?
Grundwert Prozentsatz Prozentwert

1.1 Berechne den Grundwert.
a) 10% von ■ ist 69 DM
b) 20% von ■ ist 35 DM
c) 40% von ■ ist 60 DM
d) 40% von ■ ist 24 DM
e) 60% von ■ ist 120 DM
f) 30% von ■ ist 150 DM
g) 50% von ■ ist 15 DM
h) 25% von ■ ist 32 DM

2.1 a) 20% von ■ ist 90 kg
b) 60% von ■ ist 525 kg
c) 30% von ■ ist 75 kg
d) 25% von ■ ist 4 kg
e) 16% von ■ ist 48 kg
f) 27% von ■ ist 108 kg
g) 21% von ■ ist 42 kg
h) 15% von ■ ist 45 kg

3.1 a) 9% von ■ ist 7,2 a
b) 7% von ■ ist 3,5 a
c) 4% von ■ ist 4,36 a
d) 45% von ■ ist 17,1 a
e) 24% von ■ ist 10,8 a
f) 36% von ■ ist 5,76 a
g) 85% von ■ ist 68,85 a
h) 15% von ■ ist 223,2 a
i) 8% von ■ ist 34,64 a
j) 38% von ■ ist 54,72 a

4.1 Im Kurblatt ist zu lesen, daß die Kerspe-Talsperre im Mai 12,4 Millionen m^3 Wasser enthielt und damit zu 80% gefüllt war. Berechne, wieviel m^3 Wasser sie bei vollständiger Füllung enthält.

6 *Anwendungen*

1 Ein Mountainbike kostet 960 DM. Im Sonderverkauf zahlt man nur 75%.

(1) Grundwert | Prozentsatz | Prozentwert

(2)

(3)

(4)

40% einer 500 g schweren Wurst sind Fett. Wieviel g sind das?

	Grundwert	Prozentsatz	Prozentwert
(1) **Zuordnen:**	500 g	40%	P

(2) **Aufgabe:** 40% von 500 g

(3) **Rechnung:** P = 500 g · 0,40 = 200 g

(4) **Antwort:** 200 g der Wurst sind Fett.

2 Der Februar hat 28 Tage. An 7 Tagen schien die Sonne. Wieviel Prozent waren das?

(1) Grundwert Prozentsatz Prozentwert

(2)

(3)

(4)

3 An einer Abstimmung beteiligten sich 120 Personen. Das waren 60% der Stimmberechtigten.

(1) Grundwert Prozentsatz Prozentwert

(2)

(3)

(4)

Prozentwert gesucht
20% von 80 g
80 g —· 20%→ ■

Prozentsatz gesucht
16 g von 80 g
80 g —· ■%→ 16 g

Grundwert gesucht
20% von ■ sind 16 g
■ —· 20%→ 16 g
■ ←: 20%— 16 g

4 Nach dem Räuchern wiegt ein Schinken noch 6 560 g. Das sind 82% seines Frischgewichtes. Berechne das Frischgewicht.

(1) Grundwert Prozentsatz Prozentwert

(2)

(3)

(4)

5 Von 25 kg Zwetschgen verdarben 3 kg. Wieviel Prozent der Zwetschgen waren verdorben?

(1) Grundwert Prozentsatz Prozentwert

(2)

(3)

(4)

6 Testaktion einer Autozeitschrift. Von 60 untersuchten Werkstätten führten 12 die Testreparatur nicht sachgerecht aus. Berechne den Anteil in Prozent.

7 In der Bundesrepublik werden im Schnitt pro Tag und Person 140 l Wasser verbraucht. Davon werden nur 5% als Trinkwasser benutzt. Wieviel l sind das?

8 Fernsehgewohnheiten. Von 350 befragten Jugendlichen sahen 28% mehr als 2 Stunden fern, 24% benutzten den Fernseher unregelmäßig, 4% sahen kaum oder gar nicht fern. Der Rest machte keine Angaben. Wie viele Jugendliche waren es jeweils?

9 Beim Kauf eines Autos zahlt der Käufer 9 000 DM an. Das sind 25% des Kaufpreises. Wie hoch ist der Kaufpreis?

10 In der Klasse 7a sind 20 von 25 Schülern Schwimmer. In der 7b sind es 18 von 24. Bestimme die Anteile in Prozent und vergleiche.

11 Im Astoria-Kino kostet die Eintrittskarte normalerweise 7,00 DM. Wegen Überlänge des Films wird ein Zuschlag von 20% des Normalpreises erhoben. Wie hoch ist der Zuschlag? Wieviel DM ist insgesamt zu zahlen?

12 Die Preise für Computer wurden auf 85% des Preises vor dem 1. März gesenkt. Jetzt kostet eine komplette Anlage nur noch 3 825 DM. Wieviel DM waren es vorher?

7 *Diagramme*

1 Der jährliche Getränkeverbrauch in der Bundesrepublik beträgt durchschnittlich 600 l pro Kopf. Wieviel l jedes Getränks wurde im Jahr getrunken? Das Streifendiagramm zeigt die Anteile.

Milch	Kaffee/Tee	Alkoholische Getränke	Säfte/Erfr.-Getränke
12%	33%	27%	28%

2 Von 900 Schülern und Schülerinnen eines Jahrganges gingen 360 in die Hauptschule, 315 in die Realschule und 225 auf das Gymnasium. Berechne die Anteile in Prozent und stelle sie in einem Streifendiagramm dar.

3 Bei einer Vergleichsarbeit ergaben sich die folgenden Ergebnisse für die 60 bewerteten Arbeiten: 3 Arbeiten wurden mit „sehr gut" bewertet; 6 Arbeiten mit „gut", 24 Arbeiten mit „befriedigend", 18 Arbeiten mit „ausreichend" und 9 Arbeiten mit „mangelhaft". Die Note „ungenügend" trat nicht auf.
a) Berechne die einzelnen Notenanteile in Prozent.
b) Stelle die Anteile im Kreisdiagramm dar.

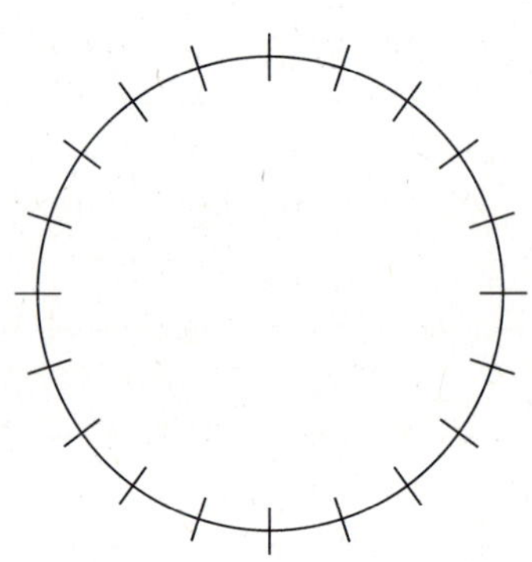

4 Die Kosten für eine Wanderfahrt betragen 150 DM pro Person. Sie setzen sich zusammen aus 90 DM für Verpflegung, 24 DM für Übernachtungen und 36 DM Fahrtkosten. Berechne die prozentualen Anteile und stelle sie in einem 10 cm langen Streifendiagramm dar.

5 Ein Haushalt hat ein Einkommen von 3300 DM. In einem Monat gab er 858 DM für Miete, 957 DM für Nahrung, 462 DM für Kleidung, 495 DM für Sonstiges aus. Den Rest sparte er. Berechne die prozentualen Anteile und zeige sie in einem Streifendiagramm.

6 Eine besondere Sorte Tierfutter hat folgende Zusammensetzung: 25% Heu; 40% Gerste; 20% Trockengemüse; 15% Mais.
a) Stelle die Zusammensetzung in einem Kreisdiagramm dar.
b) Wieviel g der einzelnen Teile sind in 2 500 g?

7 Der menschliche Körper besteht etwa zu 60% aus Wasser, zu 20% aus Eiweiß, zu 14% aus Fett, zu 6% aus anderen Stoffen.
a) Stelle die Anteile in einem Kreisdiagramm dar.
b) Berechne die jeweiligen Anteile für eine 60 kg schwere Person.

10%	90%

100%

Streifendiagramme mit Prozentangaben zeichnet man am günstigsten in einer Länge von 10 cm = 100 mm.

Kreisdiagramm
100% ≙ 360°

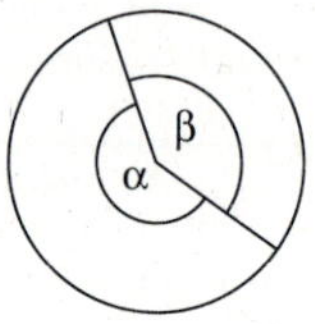

$\alpha = 216° \rightarrow 60\%$;
$\beta = 144° \rightarrow 40\%$;
denn
60% von 360° = 216°
40% von 360° = 144°

$\frac{1}{20} = \frac{5}{100} = 5\%$

DIPLOM

1	Wieviel Prozent der Kreisfläche sind gefärbt? 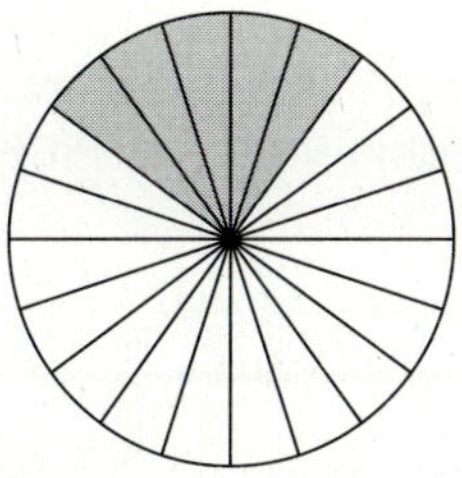	Färbe 20% der Kreisfläche. 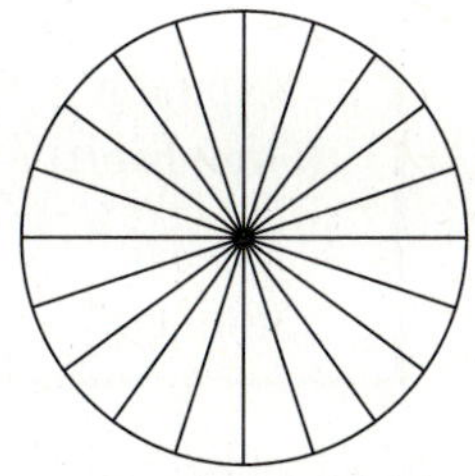	Färbe 65% der Kreisfläche. 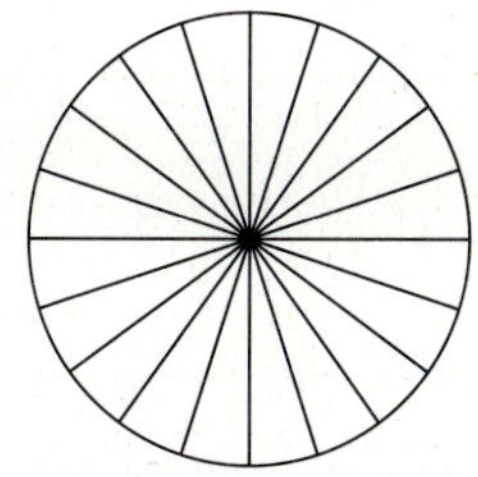
2	Schreibe zunächst als Hundertstelbruch und dann in Prozent. $\frac{17}{20}$	Schreibe zunächst als Hundertstelbruch und dann in Prozent. $\frac{3}{5}$	Schreibe zunächst als Hundertstelbruch und dann in Prozent. $\frac{18}{40}$
3	75% von 120 l	39% von 250 l	82% von 82,4 a
4	Berechne den Prozentsatz 88 DM von 400 DM	Berechne den Prozentsatz 16 DM von 80 DM	Berechne den Prozentsatz 8 DM von 125 DM
5	20% von ■ ist 30 cm	60% von ■ ist 120 DM	15% von ■ ist 13,5 cm
6	Auf eine Bestellung von 1 200 DM erhält Herr Krause 8% Rabatt. Wieviel DM Rabatt erhält er?	18 von 40 geprüften Rädern mußten beanstandet werden. Wieviel Prozent der geprüften Räder werden beanstandet?	Auf eine Bestellung von 1 220 DM erhält Herr Krause 12% Ermäßigung. Wieviel DM muß er bezahlen?
	Bronze:	Silber:	Gold:

3 Zinsrechnung

1 Grundbegriffe

1 Erika hat auf ihrem Sparbuch 600 DM. Das Geld wird zu 6% verzinst. Sie erhält nach einem Jahr 36 DM Jahreszinsen. Schreibe Kapital, Zinssatz und Jahreszinsen auf.

Kapital Zinssatz Jahreszinsen

____

Bei Geldgeschäften haben Grundwert, Prozentsatz und Prozentwert andere Namen:

Kapital K (Grundwert)	Zinssatz p% (Prozentsatz)	Jahreszinsen Z (Prozentwert)
3000 DM	6% →	180 DM

2 Bei der Bank kann man Sparbriefe kaufen. Sie erbringen im Jahr 7%. Nach einem Jahr bekommt man 350 DM für 5 000 DM ausbezahlt.

Kapital: ________ Zinssatz: ________ Jahreszinsen: ________

3 Frau Kapell will ein Auto kaufen. Sie nimmt bei der Bank ein Darlehen über 15 000 DM auf. Sie muß 1 200 DM Jahreszinsen im Jahr zahlen. Das sind 8%.

Kapital: ________ Zinssatz: ________ Jahreszinsen: ________

4 Frau Müller hat 600 000 DM geerbt. Wenn sie diese zu 8% anlegen kann, erhält sie jährlich 48 000 DM.

Kapital: ________ Zinssatz: ________ Jahreszinsen: ________

5 Herr Masch hat 9 000 DM zu 9% an einen Freund verliehen. Nach einem Jahr bekommt er 9 810 DM zurück.

Kapital: ________ Zinssatz: ________ Jahreszinsen: ________

6 Frau Schlumpf träumt. Sie möchte soviel Geld gewinnen, daß sie jeden Monat 3 000 DM aus den Zinsen zu Verfügung hätte. Das wären 36 000 DM im Jahr. Bei einem Zinssatz von 6% müßte sie 600 000 DM gewinnen.

Kapital: ________ Zinssatz: ________ Jahreszinsen: ________

7 Herr Fust benötigt für die Anschaffung eines neuen Fernsehgerätes 1 500 DM. Er vergleicht zwei Kreditangebote:

A) 1 500 DM zu 8%, Rückzahlung nach 1 Jahr: 1 620 DM + 90 DM Bearbeitungsgebühr.
B) 1 500 DM zu 11%, Rückzahlung nach 1 Jahr: 1 665 DM, keine Bearbeitungsgebühr.

Kapital: Zinssatz: Jahreszinsen:

A) ________ ________ ________

B) ________ ________ ________

Darlehen/Kredit
Geld, welches man sich borgt oder verborgt.

Jahreszinsen:
- erhält man für ein Guthaben
- sind für ein Darlehen/Kredit zu zahlen

⚠ Die Rückzahlung **enthält** die Jahreszinsen.

⚠ Die Bearbeitungsgebühr gehört nicht zu den Zinsen!

Schreibe Kapital, Zinssatz und Jahreszinsen auf.

1.1 Herr Weber hat für 8 000 DM Sparbriefe gekauft. Er erhält 8% des Kapitals als Jahreszinsen. Das sind 640 DM.

2.1 Auf ein Sparguthaben von 3 000 DM erhält Ina nach 1 Jahr 150 DM an Zinsen. Das sind 5%.

3.1 Für ein Darlehen von 5 500 DM muß Klaus im Jahr 495 DM zahlen. Das sind 9%.

3.2 Bei einem Zinssatz von 4,5% muß Jens für ein Darlehen von 1 250 DM im Jahr 56,25 DM zahlen.

6.1 Herr König erhielt 126 DM Jahreszinsen. Das waren 6% von 2 100 DM.

2 *Jahreszinsen berechnen*

> Wieviel DM Jahreszinsen erhält man bei einem Kapital von 600 DM und einer Verzinsung von 7%?
>
> (1) **Zuordnen:** Kapital 600 DM, Zinssatz 7%, Jahreszinsen Z
>
> (2) **Aufgabe:** 7% von 600 DM
>
> (3) **Rechnung:** Z = 600 DM · 0,07 = 42 DM
>
> (4) **Antwort:** Man erhält 42 DM Jahreszinsen.

1 (1) Kapital 8 000 DM | Zinssatz 5% | Jahreszinsen Z

(2) ____________________

(3) ____________________

(4) ____________________

2 Herr Schmidt hat 9 000 DM in Sparbriefen angelegt. Der Zinssatz beträgt 7%. Wieviel DM Zinsen erhält er nach einem Jahr?

(1) Kapital Zinssatz Jahreszinsen

____

(2) ____________________

(3) ____________________

(4) ____________________

3 Für ein Darlehen von 3 500 DM muß Frau Schulz 12% vom Kapital zahlen. Wieviel DM sind das?

(1) Kapital Zinssatz Jahreszinsen

____

(2) ____________________

(3) ____________________

(4) ____________________

$$Z = \frac{K \cdot p}{100}$$

Beispiel
K = 600 DM
p% = 7%

$$Z = \frac{600\ \text{DM} \cdot 7}{100}$$

Z = 42 DM

4 Berechne die Jahreszinsen im Kopf.

	a)	b)	c)	d)
Kapital	2 000 DM	3 000 DM	5 000 DM	1 000 DM
Zinssatz	3%	4%	2%	9%
Jahreszinsen				

TIP fürs Kopfrechnen:
Bestimme zunächst 1%

: 100	100%	200 DM	: 100
· 3	1%	2 DM	· 3
	3%	6 DM	

5 Berechne die Jahreszinsen schriftlich und trage das Ergebnis ein.

	a)	b)	c)	d)
Kapital	2 250 DM	343 DM	19 250 DM	21 540 DM
Zinssatz	11%	4%	16%	12%
Jahreszinsen				

13,72; 60; 90; 100; 120; 247,50; 400; 420; 630; 2 584,80; 3 080

zu 1 – 5

2.1 Ein Sparguthaben von 3 400 DM wird zu 6% verzinst. Berechne die Jahreszinsen.

2.2 Auf dem „normalen Sparbuch" wurden nur 3% Zinsen gezahlt. Berechne die Jahreszinsen für ein Guthaben von 350 DM.

2.3 Sparbriefe der SparBank werden zu 8,2% verzinst. Wieviel DM Zinsen erhält man nach einem Jahr, wenn man für 3 700 DM Sparbriefe gekauft hat?

3.1 Zum Autokauf fehlen 11 000 DM. Es wird ein Kredit zu 6,2% gewährt. Berechne die Jahreszinsen.

4.1 Berechne die Jahreszinsen im Kopf.

	a)	b)	c)	d)	e)
Kapital	500 DM	900 DM	1 200 DM	120 DM	250 DM
Zinssatz	4%	5%	10%	3%	4%

5.1 Berechne die Jahreszinsen schriftlich.

	a)	b)	c)	d)	e)
Kapital	650 DM	740 DM	1 250 DM	120 DM	256 DM
Zinssatz	7%	2%	11%	13%	14%

5.2

	a)	b)	c)	d)	e)
Kapital	752 DM	2 743 DM	1 250 DM	120 DM	256 DM
Zinssatz	17%	22%	2,5%	3,4%	4,8%

3 Zinssatz berechnen

Ein Kapital von 600 DM erbringt nach einem Jahr 42 DM an Jahreszinsen. Berechne den Zinssatz.

(1) **Zuordnen:**	Kapital 600 DM	Zinssatz p%	Jahreszinsen 42 DM

(2) **Aufgabe:** 42 DM von 600 DM

(3) **Rechnung:** $p\% = \frac{42}{600} = 42 : 600 = 0{,}07 = 7\%$

(4) **Antwort:** Der Zinssatz beträgt 7%

1 (1) Gegeben, gesucht:

Kapital	Zinssatz	Zinsen
8 000 DM	p%	400 DM

(2) ______

(3) ______

(4) ______

2 Frau Christiansen hat für 7 000 DM Schatzbriefe gekauft. Sie erhält am Jahresende 630 DM an Zinsen ausbezahlt. Welchen Zinssatz erhielt sie?

(1) Kapital Zinssatz Zinsen

(2) ______

(3) ______

(4) ______

3 Für ein Darlehen von 6 500 DM muß Frau Schulz jedes Jahr 845 DM Zinsen zahlen. Zu wieviel Prozent wird das Darlehen verzinst?

(1) Kapital Zinssatz Zinsen

(2) ______

(3) ______

(4) ______

$p\% = \frac{Z}{K}$

Beispiel
K = 600 DM
Z = 42 DM
$p\% = \frac{42}{600} = 0{,}07$
p% = 7%

4 Berechne den Zinssatz im Kopf.

	a)	b)	c)	d)
Kapital	2 000 DM	3 000 DM	5 000 DM	1 000 DM
Zinsen	80 DM	90 DM	550 DM	130 DM
Zinssatz				

TIP fürs Kopfrechnen:
Bestimme zunächst 1%

: 100	100%	200 DM	: 100
· 4	1%	2 DM	· 4
	4%	8 DM	

5 Berechne den Zinssatz schriftlich und trage das Ergebnis ein.

	a)	b)	c)	d)
Kapital	2 250 DM	3400 DM	19 250 DM	24 360 DM
Zinsen	90 DM	187 DM	3 080 DM	3 654 DM
Zinssatz				

zu 1 – 5

3%; 4%; 5%; 9%; 11%; 12%; 13%; 15%; 16%; 4%; 5,5%

2.1 Für ein Sparguthaben von 900 DM erhält man 63 DM an Jahreszinsen. Berechne den Zinssatz.

2.2 Berechne den Zinssatz, wenn man 75 DM Jahreszinsen für 1 250 DM erhält.

2.3 Enno will für 50 000 DM im Jahr 4 500 DM an Zinsen erhalten. Welchen Zinssatz braucht er?

3.1 Zum Autokauf fehlen 17 000 DM. Die Autokreditbank leiht das fehlende Geld für 1 207 DM Jahreszinsen. Berechne den Zinssatz.

4.1 Berechne die Jahreszinsen im Kopf.

	a)	b)	c)	d)
Kapital	500 DM	900 DM	1 200 DM	120 DM
Jahreszinsen	50 DM	18 DM	48 DM	60 DM

5.1 Berechne den Zinssatz schriftlich.

	a)	b)	c)	d)
Kapital	650 DM	740 DM	1 250 DM	120 DM
Jahreszinsen	39 DM	111 DM	275 DM	6 DM

5.2

	a)	b)	c)	d)
Kapital	752 DM	2 740 DM	1 250 DM	150 DM
Jahreszinsen	37,60 DM	411 DM	312,50 DM	13,50 DM

4 Kapital berechnen

1 (1) Kapital Zinssatz Jahreszinsen

Kapital	Zinssatz	Jahreszinsen
K	20%	400 DM

(2) ____________________

(3) ____________________

(4) ____________________

Nach einem Jahr bekommt Heike 42 DM Jahreszinsen.
Der Zinssatz ist 3%. Wie hoch war ihr Sparguthaben?

(1) **Zuordnen:**

Kapital	Zinssatz	Jahreszinsen
K	3%	42 DM

(2) **Aufgabe:** 3% von K ist 42 DM

(3) **Rechnung:** K = 42 DM : 0,03 = 1 400 DM

(4) **Antwort:** Ihr Guthaben betrug 1 400 DM.

2 Herr Willems erhält bei einem Zinssatz von 8% für das Jahr 128 DM an Zinsen. Wie hoch ist das Kapital?

(1) Kapital Zinssatz Jahreszinsen

(2) ____________________

(3) ____________________

(4) ____________________

3 2 000 DM im Jahr muß Herr Haake für ein Darlehen zahlen. Der Zinssatz ist 10%. Wie hoch ist das Darlehen?

(1) Kapital Zinssatz Jahreszinsen

(2) ____________________

(3) ____________________

(4) ____________________

$K = \frac{Z \cdot 100}{p}$

Beispiel:
Z = 42 DM
p = 3%

$K = \frac{42\ DM \cdot 100}{3}$

K = 1 400 DM

4 Berechne das Kapital im Kopf.

	a)	b)	c)	d)
Jahreszinsen	80 DM	90 DM	550 DM	120 DM
Zinssatz	4%	9%	11%	8%
Kapital				

TIP fürs Kopfrechnen:
Bestimme zunächst 1%

: 4	4%	8 DM	: 4
· 100	1%	2 DM	· 100
	100%	200 DM	

5 Berechne das Kapital schriftlich. Trage das Ergebnis ein.

	a)	b)	c)	d)
Jahreszinsen	900 DM	195 DM	3 075 DM	3 996 DM
Zinssatz	15%	5%	5%	12%
Kapital				

1 000; 1 500; 1 500; 2 000; 2 000; 3 900; 5 000; 6 000; 20 000; 33 300; 61 500

✓ zu 1 – 5

2.1 Bei einem Zinssatz von 5% erhielt Herr Carl 2 000 DM an Jahreszinsen. Wie hoch war das Kapital?

2.2 Frau Brunken hat ihre Erbschaft zu 8% anlegen können. Sie erhält 3 600 DM Jahreszinsen. Wieviel DM hat sie geerbt?

2.3 Elke werden 40 DM Jahreszinsen gutgeschrieben. Der Zinssatz betrug 5%. Wie hoch war das Guthaben?

3.1 Für einen Kredit sind im Jahr 4 800 DM an Jahreszinsen zu zahlen. Der Zinssatz beträgt 12%. Wie hoch ist der Kredit?

4.1 Berechne das Kapital im Kopf.

	a)	b)	c)	d)
Jahreszinsen	50 DM	18 DM	480 DM	600 DM
Zinssatz	10%	18%	20%	50%

5.1 Berechne das Kapital schriftlich.

	a)	b)	c)	d)
Jahreszinsen	40 DM	120 DM	275 DM	6 DM
Zinssatz	5%	3%	4%	8%

5.2

	a)	b)	c)	d)
Jahreszinsen	36 DM	410 DM	312 DM	13,50 DM
Zinssatz	5%	8%	25%	15%

5 *Bunte Mischung*

1 a) Bestimme anhand der Tabelle, wie groß ein Guthaben von 40 000 DM nach drei Jahren wird, wenn man die Jahreszinsen nicht jedes Jahr abholt. Der Zinssatz ist 5%.
b) Wieviel Zinsen erhält man insgesamt?

____

Jahr	Guthaben in DM	Zinsen in DM	neues Guthaben in DM
1.	40 000	2 000	42 000
2.	42 000		
3.			

Zinsen für Zinsen nennt man Zinseszinsen

c) Berechne, wieviel Zinsen man in drei Jahren erhält, wenn man die Jahreszinsen jedes Jahr abholt. Wieviel DM ist der Unterschied zum Betrag in Aufgabe b)?

____

____

2 Welches Angebot ist günstiger?

____

____

____

____

____

Sofortkredit!
2 000 DM
Zinssatz: 9%; Bearbeitung: 25 DM
Rückzahlung nach 1 Jahr.

Barkredit
2 000 DM
Zinssatz: 9,5%; keine Bearbeitungsgebühr; Rückzahlung nach 1 Jahr.

Kredite besorgt man sich am besten bei einem Kreditinstitut.
Auf jeden Fall verschiedene Angebote einholen.
Kredite nennt man auch Darlehen.

3 Die Zinssätze für Guthaben sind bei den Banken niedriger als die Zinsen für Kredite. Dadurch verdient die Bank. Berechne jeweils die Differenz der Zinsen in DM.

	a)	b)	c)
Guthaben/Kredit	2 500 DM	73 000 DM	50 500 DM
Zinssatz für Guthaben	7%	8%	6%
Zinssatz für Kredite	12%	11%	13%

____

____

____

Zinsen für Guthaben heißen **Habenzinsen;** Zinsen für Darlehen heißen **Sollzinsen.**

1.1 Berechne mit einer Tabelle wie in Aufgabe 1, wie groß ein Kapital von 20 000 DM in 10 Jahren wird, wenn man die Zinsen nicht abholt. Der Zinssatz ist 6%.

1.2 Nach welcher Zeit haben sich 1 000 DM verdoppelt, wenn sie zu 10% angelegt sind und die Zinsen nicht abgeholt werden. Rechne wie in Aufgabe 1.

1.3 Eine Stiftung vergibt jedes Jahr einen Preis in Höhe von 6 000 DM. Das sind die Jahreszinsen für das Stiftungsvermögen. Wie hoch ist es, wenn es zu 8% angelegt ist?

2.1 Herr Schweinitz benötigt 1 200 DM für die Anschaffung eines Camcorders. Welches Kreditangebot ist günstiger?
A) Rückzahlung nach 1 Jahr,
Zinssatz 8%, Bearbeitungsgebühr 72 DM;
B) Rückzahlung nach 1 Jahr,
Zinssatz 11%, keine Gebühren.

4 1 450 DM war der Überschuß beim letzten Schulball. Er wurde samt Jahreszinsen, Zinssatz 6%, nach einem Jahr für die Skifreizeit verwendet. Wieviel DM war es dann insgesamt?

4 Zuordnungen

Experimente

1 a) Bestimme mit der Waage.

Du benötigst:
1 Waage (Briefwaage, Tafelwaage)
10 1-Pf-Münzen
10 2-Pf-Münzen
5 10-Pf-Münzen

Zehn  -Münzen wiegen: ________ g

Zehn  -Münzen wiegen: ________ g

Fünf  -Münzen wiegen: ________ g

b) Übertrage die gemessenen Werte in die Tabellen. Bestimme die weiteren Werte durch Messung oder Rechnung.

10 Münzen	20 Münzen	1 Münze	5 Münzen	30 Münzen	15 Münzen
g	g	g	g	g	g

10 Münzen	5 Münzen	1 Münze	2 Münzen	20 Münzen	15 Münzen
g	g	g	g	g	g

5 Münzen	2 Münzen	4 Münzen	10 Münzen	20 Münzen	15 Münzen
g	g	g	g	g	g

2 a) Fülle den Meßbecher mit 1 l Wasser. Wie häufig kann man damit den Krug füllen? Führe diese Umfüllungen auch mit den anderen Gläsern durch. Schreibe die Anzahl der Füllungen auf.

1 1 l Meßbecher
1 Glas 0,25 l
1 Krug, Glas 0,5 l
1 Glas 0,2 l
1 Glas 2 cl (0,02 l)
1 Trichter
1 Schüssel

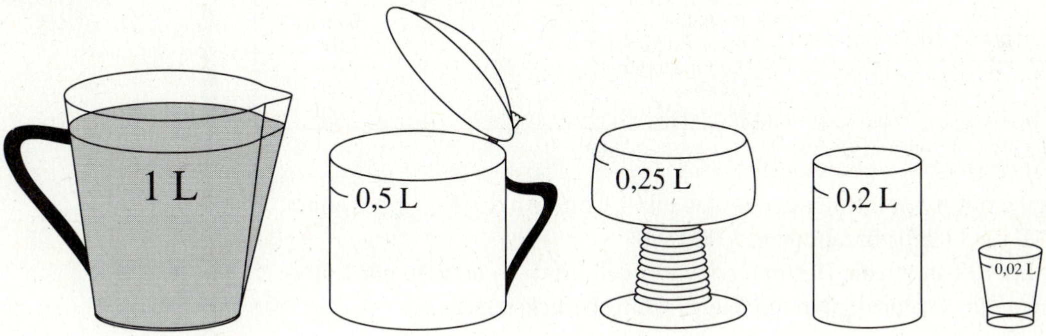

Anzahl der Füllungen: _____ _____ _____ _____

b) Übertrage die gemessenen Anzahlen in die Tabelle. Überprüfe die Messungen durch Rechnung.

c) Wie viele Gläser zu 0,1 l und zu 0,05 l könnte man füllen?

Inhalt	1 l	$0{,}5\ l = \frac{1}{2}\ l$	$0{,}25\ l = \frac{1}{4}\ l$	0,2 l	0,02 l	0,1 l	0,05 l
Anzahl	1						

1 *Zuordnungen*

1 Die Verkäuferin legt sich eine Tabelle für die Brötchenpreise an.
Ergänze die fehlenden Eintragungen.

Anzahl	1	2	3	4	5
Preis in DM	0,35	0,70			

Anzahl	6	7	8	9	10
Preis in DM					

Darstellung von Zuordnungen:

Tabelle

Alter in Jahre	1	2	4
Gewicht in kg	8	11	14

Schaubild

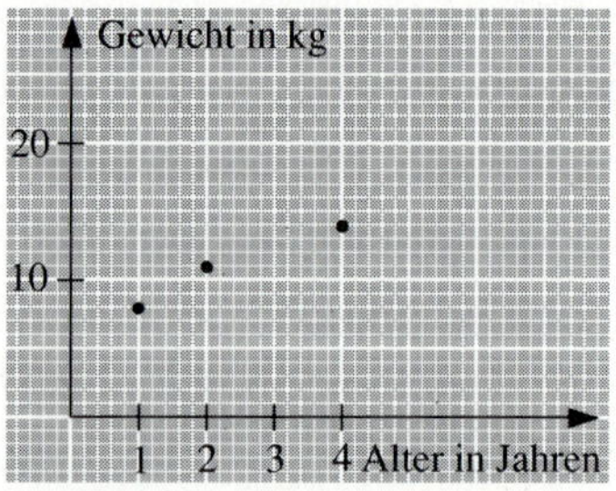

2 a) Lies aus dem Schaubild die Temperatur zu den angegebenen Uhrzeiten ab und trage sie in die Tabelle ein.

Zeit	6 Uhr	10 Uhr	16 Uhr	18 Uhr	20 Uhr
Temperatur	12 °C				

b) Wann betrug die Temperatur 15 °C? ____________

c) Lies die höchste Temperatur ab und gib die zugeordnete Uhrzeit an. ____________

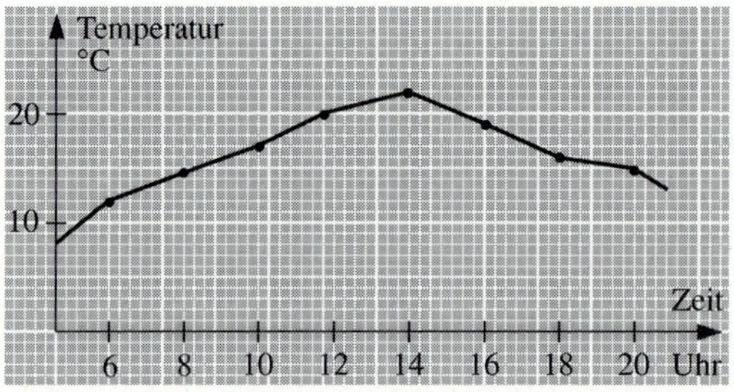

°C heißt Grad Celsius

3 Bei der Briefpost wird jedem Gewicht ein Preis zugeordnet. Ordne den Briefgewichten ihr Porto zu.

Gewicht	40 g	80 g	160 g	200 g	600 g
Preis in DM					

Gebühren für Briefsendungen

Bezeichnung	Gewicht in g	Preis in DM
Postkarte	–	0,80
Standardbrief	20	1,00
Kompaktbrief	50	2,00
Großbrief	500	3,00
Maxibrief	bis 1 000	4,00

4 Für eine Fahrt mit einem Karussell benötigt man jeweils 1 Chip. An der Kasse bekommt man 1 Chip für 1,50 DM, für 4 Chips bezahlt man 5,00 DM.
Lege eine Tabelle für 1 bis 10 Fahrten an. Bestimme jeweils den Preis: wenn man nur Einer-Chips kauft und wenn man die Vergünstigung mit Vierer-Chips berücksichtigt.

Anzahl Fahrten	1	2	3	4	5					
Preis ohne Vergünstigung in DM	1,50									
Preis mit Vergünstigung in DM				5,00						

1.1 Lege eine Tabelle für jeweils 1 bis 10 Brötchen an. 1 Mehrkornbrötchen kostet 55 Pf, 1 Sesambrötchen 45 Pf.

1.2 Für 1 Müsli-Riegel bezahlt man 0,65 DM, die 3er-Packung kostet 1,85 DM, die 7er-Packung 3,95 DM. Lege eine Tabelle an für 1 bis 10 Müsli-Riegel,
a) wenn man nur die 1er Riegel kauft,
b) wenn man die Vergünstigungen berücksichtigt.

2.1 Bei Paketsendungen wird jedem Gewicht ein Preis zugeordnet. Erkundige dich nach den aktuellen Gebühren. Bestimme die Gebühren für Standardpakete in der 1. Zone (Entfernung bis 150 km):

Gewicht	3 kg	5,5 kg	11 kg	17 kg	8 350 g	13 870 g
Preis						

2 *Proportionale Zuordnungen*

1 Entscheide, welche Zuordnungen proportional sind.

	ja/nein
a) *Benzinmenge in Liter* → *Preis in DM*	
b) *Geldwert in DM* → *Geldwert in Öst. Schilling*	
c) *Alter eines Menschen in Jahren* → *Körpergröße in cm*	
d) *Gewicht eines Briefes* → *Portogebühr in DM*	

Gewicht → *Preis*

Gewicht	Preis
3 kg	4,50 DM
6 kg	9,00 DM
2 kg	3,00 DM

(3 kg → 6 kg: · 2, 4,50 DM → 9,00 DM: · 2; 6 kg → 2 kg: : 3, 9,00 DM → 3,00 DM: : 3)

proportional

Anzahl → *Preis*

Anzahl	Preis
4	3,20 DM
2	1,60 DM
10	6,40 DM

(4 → 2: : 2, 3,20 DM → 1,60 DM: : 2; 2 → 10: · 5, 1,60 DM → 6,40 DM: · 4)

nicht proportional

2 Trage die fehlenden Zahlen in die Tabelle ein. Könnten diese Zuordnungen proportional sein? Kreise „ja" bzw. „nein" ein.

a)

Gewicht	Preis
3 kg	5,00 DM
6 kg	10,00 DM

(· __ ; · __)

proportional? ja / nein

b)

Gewicht	Preis
10 kg	12,00 DM
2 kg	3,00 DM

(: __ ; : __)

proportional? ja / nein

c)

Anzahl	Preis
4	6,00 DM
20	18,00 DM

(__ ; __)

proportional? ja / nein

Proportional:

Zum Doppelten gehört die Hälfte.

Zur Hälfte gehört die Hälfte.

3 Berechne für die proportionalen Zuordnungen die fehlenden Zahlen.

a) 10 kg Kartoffeln kosten 7,50 DM. Wieviel DM kosten 30 kg?

Gewicht	

b) 24 Flaschen Saft kosten 19,20 DM. Wieviel DM kosten 6 Flaschen?

c) 250 g Butter kosten 2,35 DM. Wieviel DM kosten 1 000 g?

✓ zu 3

4,80; 9,40; 22,50

4 Vervollständige die Tabellen für die proportionalen Zuordnungen.

a) (Pfeile oben: · 10; · 2; · 5; unten: : 15)

Anzahl	3	6		
Preis in DM	4,50			

b) (Pfeile oben: · 10; : 3; · 2)

Gewicht	6 kg			
Preis in DM	1,50			

1.1 Entscheide, welche Zuordnungen proportional sind.
a) *Geldwert in DM → Geldwert in US-Dollar*
b) *Gewicht eines Paketes → Portogebühr in DM*
c) *Kw-Wert eines Autos → Geschwindigkeit des Autos*

2.1 Entscheide ob die Zuordnungen proportional sind.

Gewicht	Preis
2 kg	7,50 DM
6 kg	22,50 DM

Gewicht	Preis
8 kg	30,00 DM
2 kg	10,00 DM

Anzahl	Preis
4	5,00 DM
	15,00 DM

(Anzahl: · 3)

3.1 Lege für die proportionalen Zuordnungen Tabellen an und fülle sie vollständig aus.
a) 10 kg Äpfel kosten 14 DM, wieviel DM kosten 2,5 kg?
b) 12 Fl. Most kosten 9 DM, wieviel DM kosten 3 Flaschen?
c) 100 g Wurst kosten 2,30 DM, wieviel DM kosten 250 g?

4.1 Vervollständige die Tabelle für die proportionale Zuordnung.

(· 2; · 3; : 5; · 7)

Anzahl	5				
Preis in DM	3,00				

3 *Rechnen mit proportionalen Zuordnungen*

1 5 m Stoff kosten 80 DM. Wieviel DM kosten 3 m vom gleichen Stoff?
Ergänze die Tabelle.

	Länge	Preis	
	5 m	80 DM	
: 5	1 m		
	3 m		

20 Bonbons wiegen 160 g. Wieviel g wiegen 7 Bonbons?

	Anzahl	Gewicht	
	20	160 g	
: 20	1	8 g	: 20
· 7	7	56 g	· 7

„Dreisatz"

20 Bonbons wiegen 160 g.

1 Bonbon wiegt 8 g.

7 Bonbons wiegen 56 g.

2 Vervollständige die Tabellen für die proportionalen Zuordnungen.

a)

Anzahl	Preis
7	10,50 DM
1	1,50 DM
12	

b)

Gewicht	Preis
9 kg	27 DM
1 kg	
25 kg	

c)

Zeit	Füllmenge
10 min	800 l
1 min	
7 min	

d) Aus einem Wasserhahn strömen 8 l Wasser in 24 s aus. Wie lange dauert es, bis ein Eimer mit 15 l gefüllt ist?

e) 5 Knäuel Wolle kosten 30 DM. Für einen Pullover werden 7 Knäuel verbraucht. Wieviel DM kostet die Wolle für den Pullover?

f) Für 12 m^2 Wandfläche werden 540 Fliesen gebraucht. Wie viele Fliesen werden für 5 m^2 benötigt?

3 Berechne für die proportionale Zuordnung die zurückgelegte Strecke. Verwende einen geeigneten Zwischenschritt.

a)

	Zeit	Strecke	
	10 min	18 km	
: 2	5 min		: 2
· 5	25 min		

b)

Zeit	Strecke
35 s	30 m
14 s	

c)

Zeit	Strecke
18 min	45 km
24 min	

Zwischenschritt nicht immer über die „1"!

zu 2 und 3

12; 18; 42; 45; 45; 60; 75; 225; 560

1.1 Vervollständige die Tabellen für die proportionalen Zuordnungen.

a)

Anzahl	Preis
6	15,00 DM
1	2,50 DM
5	

b)

Gewicht	Preis
7 kg	3,50 DM
1 kg	
20 kg	

c)

Zeit	Füllmenge
4 min	200 l
1 min	
15 min	

d)

Anzahl	Gewicht
7	3,5 kg
1	
5	

e)

Länge	Preis
0,5 m	12,00 DM
0,1 m	
0,8 m	

f)

Weglänge	Zeit
600 m	90 s
100 m	
700 m	

2.1 Für eine Fläche von 15 m^2 werden 750 Fliesen gebraucht. Wie viele Fliesen werden für 12 m^2 benötigt? Lege zur Berechnung der proportionalen Zuordnung eine Tabelle an.

3.1 Berechne die Strecken bei den proportionalen Zuordnungen. Wähle einen geeigneten Zwischenschritt.

a)

Zeit	Strecke
6 h	90 km
15 h	

b)

Zeit	Strecke
15 min	24 km
35 min	

c)

Zeit	Strecke
14 h	560 km
6 h	

4 *Antiproportionale Zuordnungen*

1 Entscheide, welche Zuordnungen antiproportional sind.

	ja/nein
a) *Gewicht eines Kekses* → *Anzahl d. Kekse aus einem Teig*	
b) *Anzahl der vergang. Tage* → *Anzahl d. restlichen Tage eines Jahres*	
c) *Anzahl von Teilstrecken* → *Länge d. Teilstrecken eines Bandes*	
d) *Anzahl der Gläser* → *Füllmenge der Gläser aus einem Faß*	

Gewicht einer Teepackung → *Anzahl der Packungen*

	Gewicht	Anzahl	
	150 g	40	
: 3	50 g	120	· 3
· 5	250 g	24	: 5

antiproportional

Brenndauer einer Kerze → *Länge der Kerze*

	min	cm	
	2	20	
· 5	10	10	: 2
: 2	5	15	· 1,5

nicht antiproportional

antiproportional bzw. **umgekehrt** proportional

antiproportional: Zum Doppelten gehört die Hälfte, zur Hälfte gehört das Doppelte.

2 Trage die fehlenden Zahlen in die Tabelle ein. Überprüfe, ob die Zuordnung proportional ist. Kreise „ja" bzw. „nein" ein.

a) Arbeiter

	Anzahl	Arbeitstage	
	10	20	
· 2	20	10	

antiproportional? ja / nein

b) Holzstäbe

Anzahl	Länge
12	20 cm
6	40 cm

antiproportional? ja / nein

c) Bretter

Länge	Breite
25 cm	16 cm
5 cm	64 cm

antiproportional? ja / nein

3 Berechne für die antiproportionalen Zuordnungen die fehlenden Angaben.

a) Aus einem Faß können 200 Gläser zu je 0,2 l ausgeschenkt werden. Wie viele Gläser zu 0,4 l könnten gefüllt werden?

Anzahl Gläser	Füllmenge
200	0,2 l

b) Susi schwimmt 16 Bahnen zu je 50 m. Wie viele 25-m-Bahnen müßte sie für die gleiche Strecke schwimmen?

4 Vervollständige die Tabellen zu den antiproportionalen Zuordnungen.

a) Ein Pkw fährt eine bestimmte Strecke.

Geschwindigkeit in km/h	120	60	30	(· 3)
Zeit in h	3			

b) Bauschutt wird abgefahren.

Anzahl der LKW	4	8	2	12
benötigte Zeit in h	12			

1.1 Welche Zuordnungen sind antiproportional?
a) *Brenndauer einer Kerze → Länge einer Kerze*
b) *Geldbetrag → Anzahl der benötigten Münzen*
c) *Anzahl Maschinen → Zeit zum Abfüllen von Milch*

2.1 Vervollständige die Tabellen. Entscheide, ob die Zuordnungen antiproportional sind.

Anzahl	Länge
12	30 cm
6	15 cm

Länge	Breite
14 cm	24 cm
28 cm	12 cm

Anzahl	Zeit	
6	4 h	
12		: 2

3.1 Lege für die antiproportionalen Zuordnungen Tabellen an und fülle sie vollständig aus.
a) Tee wird in 120 Packungen zu je 125 g abgepackt. Wie viele Packungen ergibt es bei 500 g je Packung?
b) Die Vorräte im Basislager reichen bei 12 Bergsteigern 36 Tage. Wie viele Tage reichen sie bei 18 Bergsteigern?

4.1 Vervollständige die Tabelle für die antiproportionale Zuordnung.

		· 2	: 3	· 5
Anzahl Maschinen	12			
Zeit in min	30			

5 *Rechnen mit antiproportionalen Zuordnungen*

1 Ein Futtervorrat reicht bei 12 Kühen 28 Tage. Wie viele Tage reicht er bei 7 Kühen?

	Anzahl Kühe	Anzahl Tage	
: 12	12	28	· 12
	1		
	7		

Eine Teepackung enthält 25 Beutel zu je 2 g. Die gleiche Menge soll in 10 Beutel gefüllt werden. Wieviel g wiegt jeder Beutel?

	Anzahl	Gewicht		„Dreisatz“
: 25	25	2 g	· 25	Bei 25 Beuteln sind je 2 g drin.
· 10	1	50 g	: 10	Bei 1 Beutel sind 50 g drin.
	10	5 g		Bei 10 Beuteln sind je 5 g drin.

2 Berechne für die antiproportionalen Zuordnungen die fehlenden Angaben.

a) Sandtransport

	Anzahl LKW	Tage
: 3	3	10
	1	
	2	

b) Lottogewinn

Personen	Gewinn
5	42 000 DM
1	
7	

c) Holzstäbe

Länge	Breite
7 cm	30 cm
1 cm	
15 cm	

d) 5 LKW fahren einen Schuttberg in 12 Tagen ab. Wie viele Tage benötigen dafür 6 LKW?

e) Ein Gewinn wird auf 7 Personen verteilt. Jede erhält 25 000 DM. Wieviel DM erhält jede bei einer Verteilung auf 5 Personen?

f) Eine Busfahrt kostet bei 24 Schülern für jeden 15 DM. Es fahren 20 Schüler mit. Wieviel DM muß dann jeder bezahlen?

3 Berechne die fehlende Zeitdauer. Verwende einen geeigneten Zwischenschritt.

a)

	Geschw.	Zeit	
: 2	60 km/h	75 min	·
	30 km/h		
	90 km/h		

b)

Geschw.	Zeit
55 km/h	70 min
77 km/h	

c)

Geschw.	Zeit
120 km/h	42 min
70 km/h	

Zwischenschritt nicht immer über die „1“!

zu 2 und 3

10; 14; 15; 18; 50; 50; 72; 30 000; 35 000

1.1 Vervollständige die Tabellen für die antiproportionalen Zuordnungen.

a)

Anzahl	Tage
6	10
1	60
5	

b)

Pers.	Gewinn
9	1 400 DM
1	
7	

c)

Länge	Breite
12 cm	35 cm
1 cm	
14 cm	

d)

Anzahl	Betrag
24	15 DM
1	
18	

e)

Anzahl	Tage
7	12
1	
6	

f)

Anzahl	Gewicht
40	125 g
1	
25	

2.1 Ein Gewinn wird an 8 Personen verteilt. Jede erhält 350 000 DM. Wieviel DM erhält jede bei einer Verteilung an 7 Personen? Lege zur Berechnung der antiproportionalen Zuordnung eine Tabelle an.

3.1 Berechne die Zeiten bei den antiproportionalen Zuordnungen. Wähle einen geeigneten Zwischenschritt.

a)

Geschw.	Zeit
60 km/h	50 min
75 km/h	

b)

Geschw.	Zeit
70 km/h	90 min
60 km/h	

c)

Geschw.	Zeit
90 km/h	25 min
	30 min

6 *Quotienten bei Zuordnungen*

1 Berechne die Quotienten der proportionalen Zuordnung

Zeit	Weg	Quotient (Weg : Zeit)
1 h	50 km	50 : 1 =
2 h	100 km	
4 h	200 km	

Könnte die Zuordnung proportional sein? ja / nein

proportionale Zuordnung: *Zeit* ⟶ *Weg*

Zeit	Weg	Quotient (Weg : Zeit)
1 h	40 km	40 : 1 = 40
2 h	80 km	80 : 2 = 40
3 h	120 km	120 : 3 = 40

Bei proportionalen Zuordnungen sind die Quotienten zugeordneter Größen gleich.

Proportionale Zuordnungen sind **quotientengleich!**

2 Berechne die Quotienten. Entscheide, ob eine proportionale Zuordnung vorliegen könnte. Kreise „ja“ bzw. „nein“ ein.

a)

Zeit	Weg	Quotient Weg : Zeit
3 h	210 km	
7 h	420 km	
5 h	300 km	

prop. Zuordnung? ja / nein

b)

Länge	Preis in DM	Quotient Preis : Länge
30 cm	6,00	
18 cm	3,60	
66 cm	13,20	

prop. Zuordnung? ja / nein

c)

Gewicht	Porto in DM	Quotient Porto : Gewicht
40 g	2,00	
80 g	2,00	
800 g	4,00	

prop. Zuordnung? ja / nein

3 Bestimme den Quotienten und berechne damit die fehlenden Größen der proportionalen Zuordnung.

a)

Gewicht	Preis in DM	Quotient Preis : Gewicht
2 kg	35,00	
1,5 kg		
	105,00	

b)

Zeit	Volumen	Quotient Volumen : Zeit
3 h	60 m^3	
5 h		
	150 m^3	

c)

Flächeninhalt	Preis in DM	Quotient Preis : Flächeninh.
25 m^2	400	
40 m^2		
	560	

4 Gibt man das Gewicht einer Ware in kg an, so wird der Quotient auch **kg-Preis** genannt. Bestimme die kg-Preise der Waren.

a) 

b) 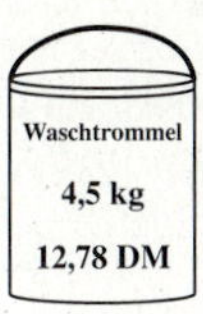

c) 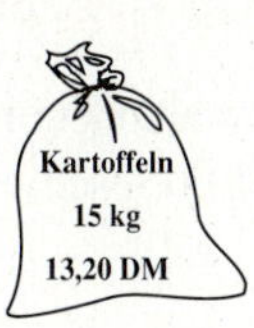

kg-Preis: ________ ________ ________

2.1 Berechne die Quotienten. Entscheide, ob eine proportionale Zuordnung vorliegen könnte.

a)

Zeit	Weg	Quotient
5 h	350 km	
2 h	140 km	
$1\frac{1}{2}$ h	105 km	

b)

Gewicht	Preis	Quotient
10 kg	20 DM	
8 kg	10 DM	
3 kg	5 DM	

c)

Zeit	Volumen	Quotient
10 min	80 m^3	
15 min	120 m^3	
25 min	200 m^3	

d)

Gewicht	Preis	Quotient
5 kg	40 DM	
2,5 kg	20 DM	
7,5 kg	60 DM	

3.1 Bestimme den Quotienten und berechne damit die fehlenden Größen der proportionalen Zuordnung.

a)

Gewicht	Preis	Quotient
250 g	5,00 DM	
400 g		
	6,00 DM	

b)

Zeit	Volumen	Quotient
3 min	360 l	
5 min		
	840 l	

4.1 Berechne die kg-Preise folgender Waren.

a) 5 kg Äpfel kosten 14,00 DM.
b) 2,5 kg Waschmittel kosten 8,50 DM.
c) 250 g Butter kosten 1,89 DM.

7 *Produkte bei Zuordnungen*

1 Berechne die Produkte der antiproportionalen Zuordnung.

Länge von Stücken	Anzahl	Produkt
15 cm	12	
30 cm	6	
10 cm	18	
9 cm	20	

Antiproportionale Zuordnung: *Länge* → *Breite*
von Rechtecken mit gleichen Flächeninhalten

Länge	Breite	Produkt
24 cm	35 cm	$24 \cdot 35 = 840$
12 cm	70 cm	$12 \cdot 70 = 840$
84 cm	10 cm	$84 \cdot 10 = 840$

Bei antiproportionalen Zuordnungen sind die Produkte zugeordneter Größen gleich.

Antiproportionale Zuordnungen sind **produktgleich!**

2 Berechne die Produkte. Entscheide, ob eine antiproportionale Zuordnung vorliegen könnte. Kreise „ja" bzw. „nein" ein.

a)

Länge	Anzahl	Produkt
42 cm	15	
63 cm	10	
30 cm	21	

antiprop. Zuordnung?
ja / nein

b)

Länge	Breite	Produkt
30 cm	22 cm	
10 cm	66 cm	
15 cm	44 cm	

antiprop. Zuordnung?
ja / nein

c)

Gewicht	Anzahl	Produkt
250 g	8	
200 g	10	
150 g	15	

antiprop. Zuordnung?
ja / nein

3 Bestimme das Produkt und berechne damit die fehlenden Größen der antiproportionalen Zuordnung.

a)

Zeit	Verbrauch	Produkt
3 h	70 l	
2 h		
21 h		

b)

Länge	Breite	Produkt
45 cm	14 cm	
	10 cm	
70 cm		

c)

Flächeninhalt	Preis	Produkt
21 m²	320 DM	
70 m²		
	140 DM	

4 Bei der antiproportionalen Zuordnung *Geschwindigkeit* → *Zeit für eine bestimmte Strecke* ergibt das Produkt (Geschwindigkeit · Zeit) den zurückgelegten Weg. Bestimme den zurückgelegten Weg.

	a)	b)	c)	d)
Geschwindigkeit in km/h	80	70	65	70
Zeit in h	3	4	5	$2\frac{1}{2}$
Wegstrecke in km				

2.1 Berechne die Produkte der Zuordnung. Entscheide, ob eine antiproportionale Zuordnung vorliegt.

a)

Länge	Anzahl	Produkt
45 cm	20	
30 cm	30	
50 cm	18	

b)

Länge	Breite	Produkt
42 cm	50 cm	
35 cm	60 cm	
75 cm	28 cm	

3.1 Bestimme das Produkt und berechne damit die fehlenden Größen der antiproportionalen Zuordnung.

a)

Länge	Breite	Produkt
35 cm	40 cm	
	28 cm	
56 cm		

b)

Gewicht	Anzahl	Produkt
125 g	90	
75 g		
	50	

8 *Anwendungen in verschiedenen Sachbereichen*

1 Frau Lustig kauft 7 Rollen Tapeten zu 87,50 DM. Sie muß noch 3 Rollen nachkaufen. Wieviel DM muß sie dafür zahlen?

(1) Anzahl ________ → ________

(2) ________ Zuordnung

(3)

Anzahl	
7	87,50 DM
1	
3	

: 7   : 7

(4) 87,5 : 7 =

Lösungsschritte

(1) Notiere die **Zuordnung.**
(2) Überlege, welche **Zuordnungsart** vorliegt. (proportionale Zuordnung? antiproportionale Zuordnung?)
(3) Lege eine **Tabelle** an.
(4) **Berechne.**
(5) Gib die **Antwort.**

Lösungs**schritte** beachten!

(5) Sie muß für 3 Rollen ________ DM bezahlen

2 Winzer Bacchus füllt aus einem Faß 1 500 Flaschen zu je 0,75 l ab. Wie viele Flaschen zu je 1 l könnte er aus dem Faß abfüllen?

(1) ________ (2) ________

(3)

(4)

(5) ________

3 Familie Meier zahlt für ihre 70 m^2 große Wohnung monatlich 525 DM Miete. Wieviel DM müssen ihre Nachbarn bei gleichem m^2-Preis für ihre 88 m^2 große Wohnung zahlen?

(1) ________ (2) ________

(3)

(4)

(5) ________

✓ zu 1 – 3
37,50; 660; 1 125

4 Frau Bach mäht mit ihrem Rasenmäher, Schnittbreite 32 cm, insgesamt 45 Bahnen. Wie viele Bahnen müßte sie mit einem Rasenmäher, Schnittbreite 48 cm, mähen?

5 Zwei Saugbagger müssen zum Ausbaggern einer Hafeneinfahrt täglich 12 Stunden eingesetzt werden. Wie viele Stunden täglich benötigen dazu 3 Bagger?

6 Zehn Musiker spielen einen Musiktitel in 4 Minuten. Wie lange brauchen dazu 5 Musiker?

7 Ein Wasserhahn tropft. Er verliert in 12 Stunden 10 l Wasser. Wieviel l Wasser verliert der tropfende Hahn in einem Monat?

8 1990 wurden 4,2 Milliarden Getränkedosen verkauft, das Müllgewicht betrug 168 000 t. Wieviel t Müll ergibt es, wenn nur 3,0 Milliarden Dosen verkauft werden?

9 Eine Henne braucht zum Ausbrüten von 8 Eiern 22 Tage. Wie lange braucht sie, um 4 Eier auszubrüten?

9 *Ware-Preis-Zuordnungen*

1 Für einen Mietwagen müssen pro Tag 50 DM Grundgebühr und zusätzlich für jeden Kilometer 0,60 DM bezahlt werden.

Tage	Grundgebühr
1	50,00 DM
2	
4	
5	

km	km-Gebühr
1	0,60 DM
250	150,00 DM
400	
800	

(·250)

Ware-Preis-Zuordnungen sind nicht immer proportional.

proportional	**nicht proportional**
Betrag beim Tanken Zur doppelten Literzahl gehört der doppelte Preis.	**Porto eines Briefes** Zum doppelten Gewicht gehört nicht die doppelte Portogebühr.
Betrag für Aufschnitt Zum doppelten Gewicht gehört der doppelte Preis.	**Stromkosten** Zum doppelten Verbrauch gehört nicht der doppelte Preis, es muß zusätzlich die Grundgebühr berücksichtigt werden.

Berechne die Mietkosten für:
a) 1 Tag; 250 km b) 2 Tage; 400 km
c) 4 Tage; 800 km

a) 50 DM + ______ DM = ______ DM

b) ______ DM c) ______ DM

2

Parkhaus-NORD
bis 2 Std. 4,00 DM
bis 3 Std. 5,50 DM
bis 4 Std. 7,00 DM
je weitere angefangene Stunde 1,00 DM mehr

Wieviel DM kosten folgende Parkzeiten?

Parkzeit	1 h	2 h	$2\frac{1}{2}$ h	$3\frac{1}{2}$ h	5 h	8 h
Preis in DM						

3 Firma Frisia bietet Sonderpreise für Heizöl an.
Bestimme die Kosten für folgende Liefermengen:

a)

Heizöl	700 l	1 400 l	2 100 l	5 600 l
Preis in DM				

b)

Heizöl	950 l	1 000 l	1 980 l	2 000 l
Preis in DM				

FRISIA Sonderpreise!!!
je 100 l Heizöl kosten:
ab 500 l 63,50 DM
ab 1 000 l 60,00 DM
ab 2 000 l 58,00 DM
ab 5 000 l 56,50 DM

4 Die Gebühren für Telegramme setzen sich zusammen aus den festen Gebühren (5,00 DM) und den Wortgebühren (je Wort 0,80 DM). Die Mindestgebühr ist 10,60 DM. Berechne.

Worte	1	5	7	8	10	15	20	30	40
Preis in DM									

340; 680; 480; 200; 240; 150; 200; 250; 100; 4,00; 10,00; 37,00; 5,50; 7,00; 29,00; 21,00; 10,60; 8,00; 10,60; 10,60; 17,00; 11,40; 1218,00; 13,00; 11,60; 3164; 444,50; 603,25; 840; 1188; 600

✓ zu 1 – 4

1.1 Für einen Miet-Lkw müssen pro Tag 80 DM Grundgebühr und für jeden Kilometer 0,75 DM bezahlt werden.
Berechne die Mietkosten für
a) 1 Tag; 150 km b) 1 Tag; 300 km
c) 2 Tage; 300 km d) 4 Tage; 450 km

2.1 Wieviel DM betragen die Gebühren im Parkhaus-Nord für folgende Parkzeiten: a) $1\frac{1}{2}$ Stunden,
b) $3\frac{1}{4}$ Stunden, c) von 8.35 – 11.20 Uhr

3.1 Beim Bootsverleih, geöffnet von 9.00 – 18.00 Uhr, kostet 1 Stunde 2,00 DM, vormittags bis 13 Uhr 5,00 DM, nachmittags ab 13 Uhr 6,00 DM, ganztags 10,00 DM.
Wieviel DM kostet ein Boot am günstigsten für die Zeit
a) von 10 – 12 Uhr, b) von 14 – 18 Uhr,
c) von 9 – 13 Uhr, d) von 12 – 18 Uhr,
e) von 8 – 14 Uhr, f) von 10 – 17 Uhr,
g) von 10 – 11 Uhr, h) von 9 – 18 Uhr?

DIPLOM

1

Proportionale Zuordnung:

Anzahl	Preis
2	7,50 DM
8	

Proportionale Zuordnung:

Anzahl	Preis
15	9,75 DM
3	

Proportionale Zuordnung:

Anzahl	Preis
24	25,20 DM
3	

2

Antiproportionale Zuordnung:

Anz. Arbeiter	Tage
8	3
4	

Antiproportionale Zuordnung:

Länge	Breite
25 cm	32 cm
	16 cm

Antiproportionale Zuordnung:

Anz. Gläser	Füllmenge
120	$\frac{1}{5}$ l
	$\frac{1}{10}$ l

3

Proportionale Zuordnung:

Anzahl	Preis
3	15 DM
1	
11	

Proportionale Zuordnung:

Gewicht	Preis
350 g	6,30 DM
750 g	

Proportionale Zuordnung:

Zeit	Füllmenge
$1\frac{1}{2}$ min	45 l
7 min	

4

Antiproportionale Zuordnung:

Anzahl Lkw	Tage
5	12
1	
4	

Antiproportionale Zuordnung:

Personen	Gewinn
8	75 600 DM
7	

Antiproportionale Zuordnung:

Geschwind.	Zeit
125 km/h	42 min
	35 min

5

Aus einem Rohr laufen in 15 min 3 600 l Öl. Wieviel l laufen in 25 min aus dem Rohr?

Eine Busfahrt kostet bei 21 Schülern für jeden 24,00 DM. Es fahren nur 20 Schüler mit. Wieviel DM muß jeder bezahlen?

Ein Gewinn wird an 12 Personen verteilt, jede erhält 5 928 DM. Wieviel DM erhält jede bei einer Verteilung an 13 Personen?

6

1 Ei kostet 0,28 DM, eine Platte mit 30 Eiern kostet 8,00 DM. Wieviel DM kosten 50 Eier?

Telegrammkosten: 5,00 DM feste Gebühren und 0,80 DM je Wort. Wieviel DM kostet ein Telegramm mit 17 Worten?

Parkgebühren: bis 2 h 5,00 DM, bis 3 h 7,00 DM, bis 4 h 8,50 DM, je weitere angefangene Stunde 1,00 DM mehr. Wieviel DM kostet das Parken von 9.20 – 14.15 Uhr?

Bronze: | Silber: | Gold:

5 Zuordnungen darstellen

1 Schaubilder von Zuordnungen

1 Stelle die Wertepaare als Punkte im Koordinatensystem dar. Verbinde die Punkte durch eine Linie.

1. Zahl	2	4	6	8	10	12
2. Zahl	1	2	3	4	5	6

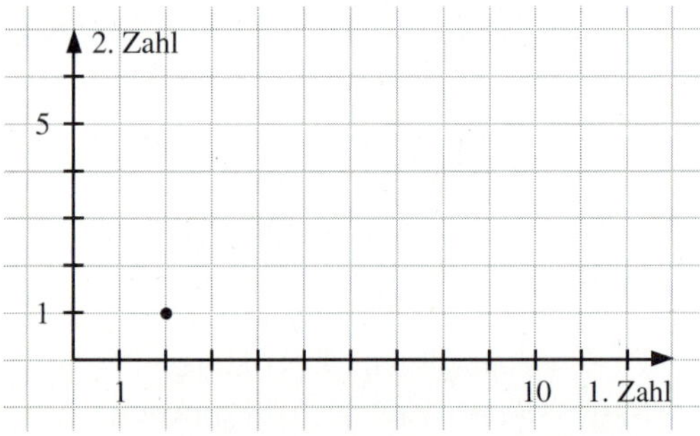

Zuordnungen können in Schaubildern dargestellt und aus Schaubildern abgelesen werden.

1. Größe	1	3	4
2. Größe	1	2	3

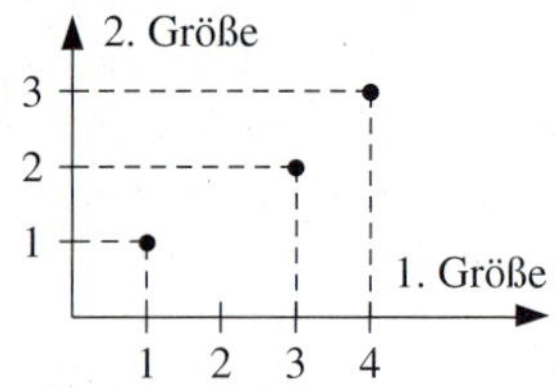

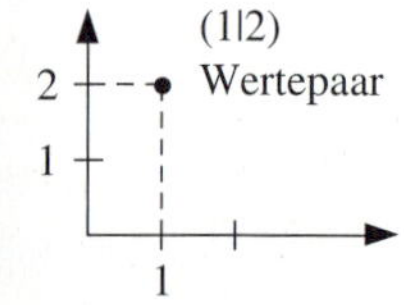

2 Ein Temperaturschreiber zeichnet die Temperatur auf. Lies die Temperaturen ab und trage sie in die Tabelle ein.

Uhrzeit	2 Uhr	5 Uhr	8 Uhr	11 Uhr	12 Uhr
Temperatur	7 °C				

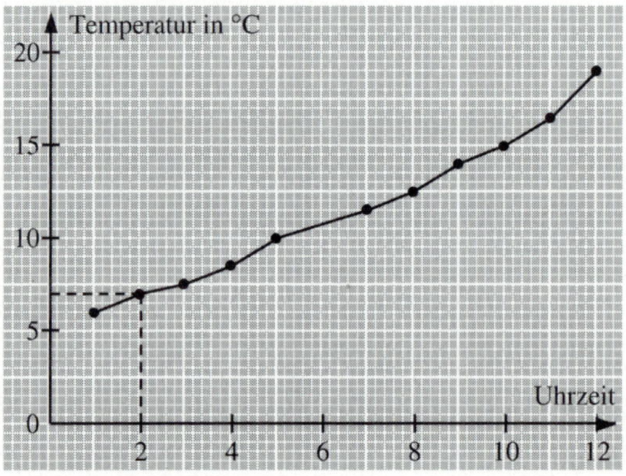

3 Der Flächeninhalt eines Rechtecks beträgt 320 cm². Lies Länge und Breite aus der Darstellung ab und trage sie in die Tabelle ein.

Länge in cm	20					
Breite in cm	16					

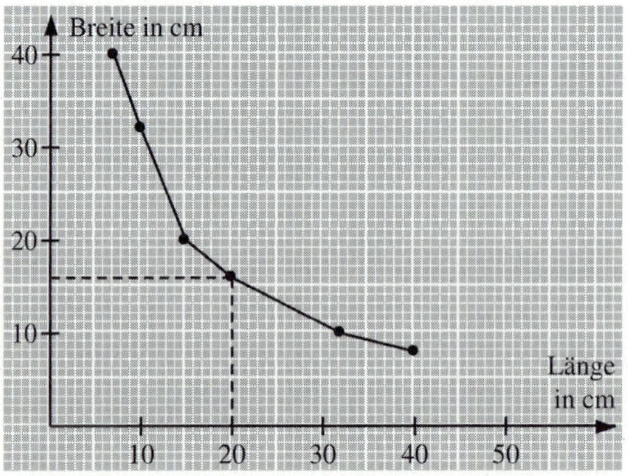

4 Ein Tretbootverleih verlangt für jede angefangene halbe Stunde 1 DM. Berechne die Gebühren zu den vorgegebenen Zeiten. Übertrage die Wertepaare ins Koordinatensystem. Kann man die Punkte verbinden?

Zeit in min	20	30	40	70	110
Preis in DM	1				

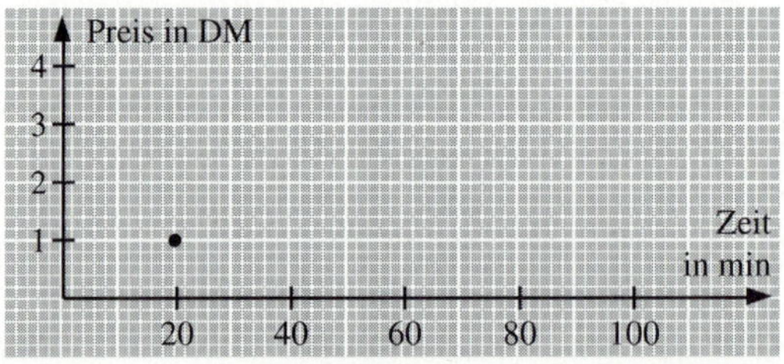

3.1 Eine Schallplatte macht beim Abspielen 45 Umdrehungen pro Minute. Lege für die Zuordnung *Zeitdauer → Umdrehungen* eine Tabelle an. Zeitdauer: 1 min; 2 min; 4 min; 3 min 20 s; 2 h 40 s. Stelle die Zuordnung im Koordinatensystem dar.

4.1 Im Schaubild sind Parkgebühren dargestellt. Lies die Gebühren für folgende Parkzeiten ab und trage sie in eine Tabelle ein: $1\frac{1}{2}$ h; 3 h 15 min; 55 min; 2 h 40 min.

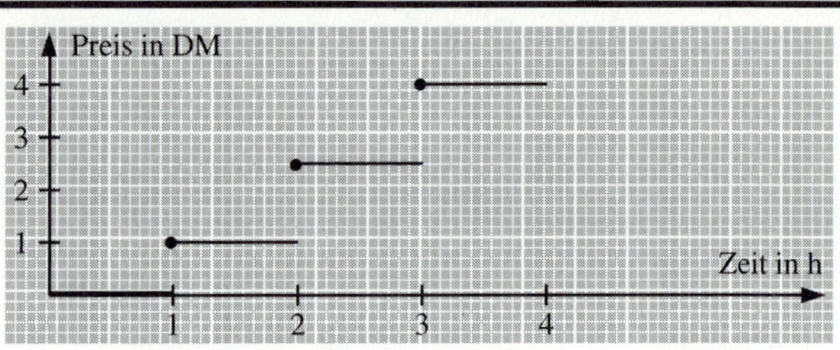

2 Schaubilder zu proportionalen Zuordnungen

1 Beim Kauf von Aufschnitt ist die Zuordnung *Gewicht → Preis* proportional. Fülle die Tabelle aus und zeichne das Schaubild.

2 Das Gewichtsstück einer Standuhr bewegt sich in 1 Stunde um 8 cm nach oben. Stelle diese proportionale Zuordnung im Koordinatensystem dar. Lies die fehlenden Größen ab.

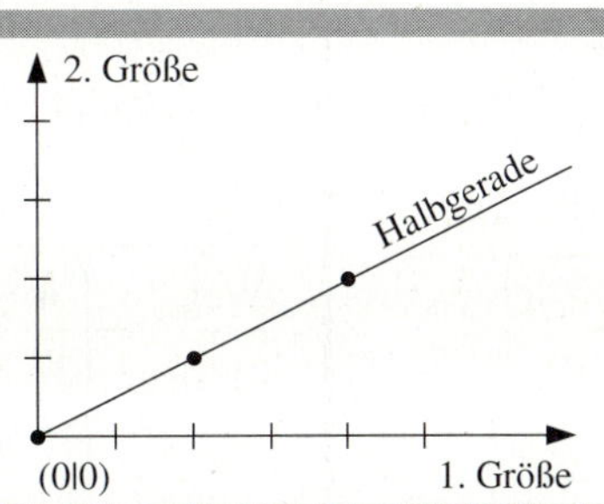

Das Schaubild einer proportionalen Zuordnung ist eine **Halbgerade.**

Die Halbgerade geht durch den **Nullpunkt (0|0)** und ist durch einen weiteren Punkt festgelegt.

zu 1)

Gewicht in g	200	100	300	150		
Preis in DM						

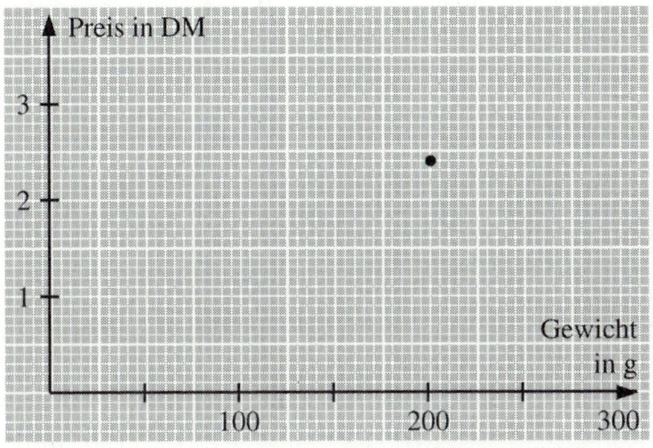

zu 2)

Zeit in h	1	2	$\frac{1}{2}$	$1\frac{1}{2}$		
Länge in cm	8					

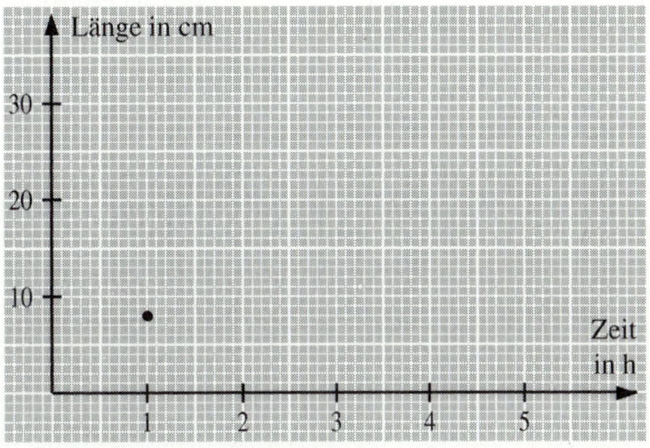

proportional

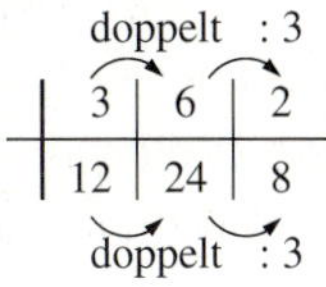

Nullpunkt wird auch **Ursprung** genannt.

3 Löse die proportionale Zuordnung zeichnerisch und fülle die Tabelle aus.

a) In 30 Minuten verbraucht ein Rasenmäher 0,4 l Benzin.

Zeit in min	30	15	45	20
Benzin in Liter	0,4			

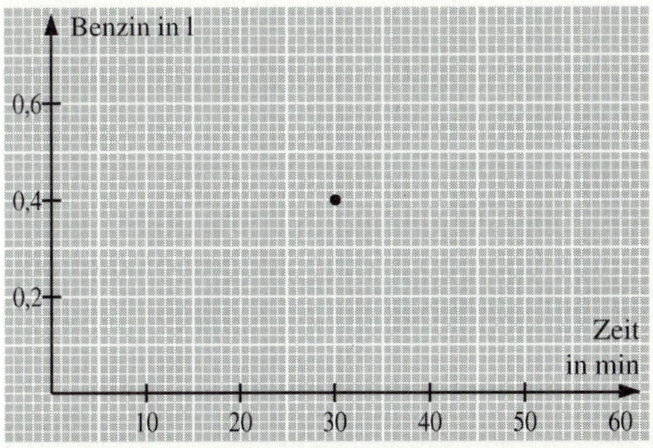

b) 8 DIN-A-4-Blätter wiegen 40 g.

Anzahl Blätter	8	10	15	5	1
Gewicht in g	40				

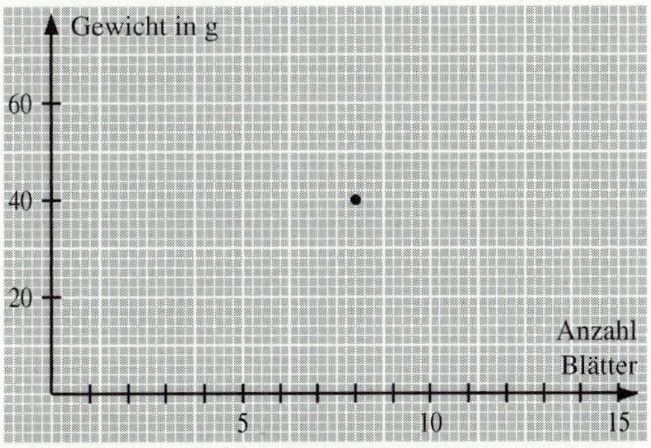

3.1 Zum Einsäen eines Rasens werden für 200 m² 4 500 g Grassamen benötigt. Löse die proportionale Zuordnung *Fläche → Gewicht* zeichnerisch und fülle die Tabelle aus.

Fläche	200 m²	100 m²	300 m²	500 m²	150 m²
Gewicht	4 200 g				

3.2 Aus einem Wasserhahn können in 5 Minuten 120 l Wasser fließen. Löse die proportionale Zuordnung *Zeitdauer → Füllmenge* zeichnerisch und fülle die Tabelle aus.

Zeitdauer	5 min	1 min	3 min	6 min	$2\frac{1}{2}$ min
Füllmenge	120 l				

3 *Weg-Zeit-Zuordnung*

1 Berechne den Quotienten (Weg : Zeit).

	a)	b)	c)
Zeit	2 h	4 h	3 h
Weg	70 km	180 km	90 km
Quotient $\frac{\text{Weg}}{\text{Zeit}}$			

	d)	e)	f)
Zeit	$1\frac{1}{2}$ h	$\frac{1}{2}$ h	5 h
Weg	90 km	50 km	400 km
Quotient $\frac{\text{Weg}}{\text{Zeit}}$			

Zuordnung: *Zeit* ⟶ *Weg*

Zeit	1 h	2 h	$\frac{1}{2}$ h
Weg	40 km	80 km	20 km
Quotient $\frac{\text{Weg}}{\text{Zeit}}$	$40 : 1 = 40\,\frac{\text{km}}{\text{h}}$	$80 : 2 = 40\,\frac{\text{km}}{\text{h}}$	$20 : \frac{1}{2} = 40\,\frac{\text{km}}{\text{h}}$

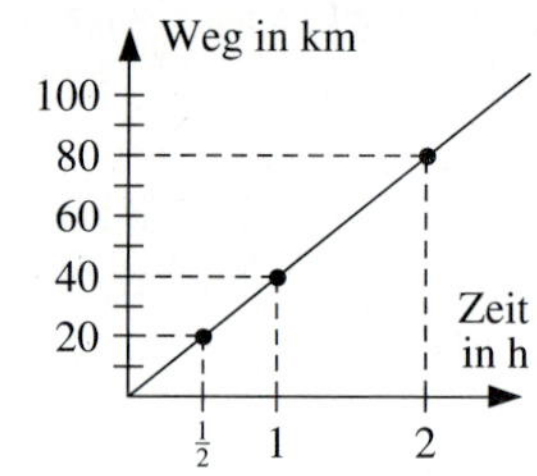

Den Quotienten $\frac{\text{Weg}}{\text{Zeit}}$ nennt man **Geschwindigkeit.**

2 Fülle die Tabellen so aus, daß jeweils eine gleichbleibende Geschwindigkeit vorliegt. Zeichne die Schaubilder ins Koordinatensystem ein.

a)

Zeit in h	2	1		$\frac{1}{2}$
Weg in km	120		90	
$\frac{\text{Weg}}{\text{Zeit}}$ in $\frac{\text{km}}{\text{h}}$				

b)

Zeit in h	3	1		$1\frac{1}{2}$
Weg in km	150		100	
$\frac{\text{Weg}}{\text{Zeit}}$ in $\frac{\text{km}}{\text{h}}$				

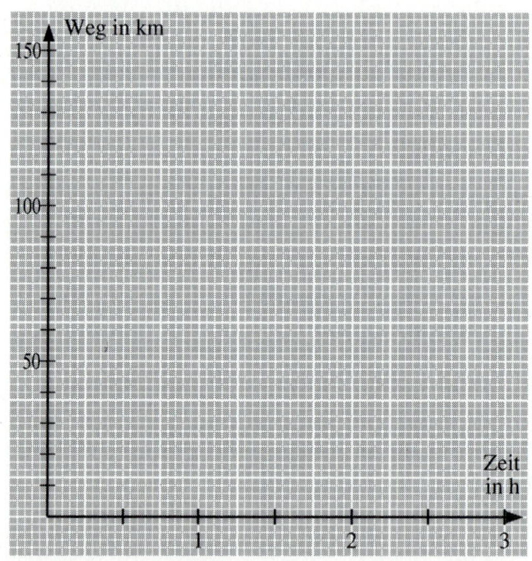

$\frac{\text{km}}{\text{h}}$ ist die Maßeinheit für Geschwindigkeit

Weg-Zeit-Zuordnung
- **proportional**
- **quotientengleich**
- Darstellung im Koordinatensystem als eine **Halbgerade**

3 Berechne jeweils die Geschwindigkeit in $\frac{\text{km}}{\text{h}}$ und zeichne das zugehörige Schaubild ins Koordinatensystem ein.

a) 360 km in 4 h ________

b) 55 km in $\frac{1}{2}$ h ________

c) 350 km in 5 h ________

d) in 3 h 180 km ________

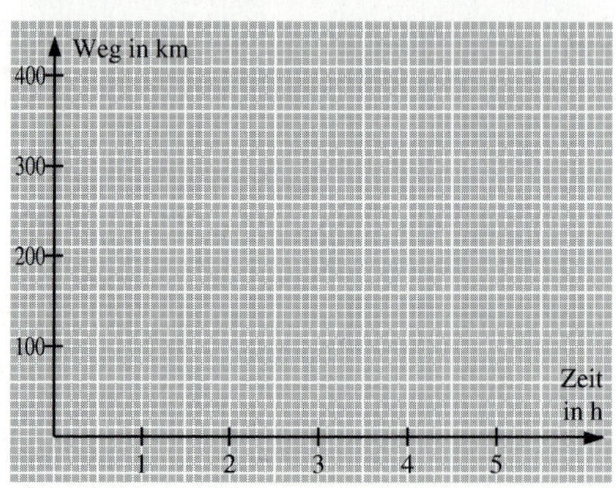

✓ zu 1 – 3

30; 35; 45; 60; 60; 70; 80; 90; 100; 110

2.1 Fülle die nebenstehenden Tabellen so aus, daß jeweils eine gleichbleibende Geschwindigkeit vorliegt. Zeichne die Schaubilder in ein Koordinatensystem ein.

3.1 Berechne jeweils die Geschwindigkeit in km/h und zeichne das Schaubild in ein Koordinatensystem ein.

a) 210 km in 3 h
b) 40 km in $\frac{1}{2}$ h
c) 300 km in 4 h
d) in 5 h 275 km

a)

Zeit in h	3	1	2			$\frac{1}{2}$
Weg in km	195			260	325	
$\frac{\text{Weg}}{\text{Zeit}}$ in $\frac{\text{km}}{\text{h}}$						

b)

Zeit in h	2	4		$\frac{1}{2}$	$1\frac{1}{2}$	
Weg in km	240		120			300
$\frac{\text{Weg}}{\text{Zeit}}$ in $\frac{\text{km}}{\text{h}}$						

4 *Maßstab*

1 Was bedeuten die Maßstäbe?

Maßstab	Länge auf der Karte	Länge in Wirklichkeit
1 : 100	1 cm	
1 : 5 000	1 cm	
1 : 25 000	1 cm	
1 : 500 000	1 cm	

Maßstab 1 : 500 000 bedeutet:

1 cm auf der Karte entspricht 500 000 cm = 5 km in Wirklichkeit.

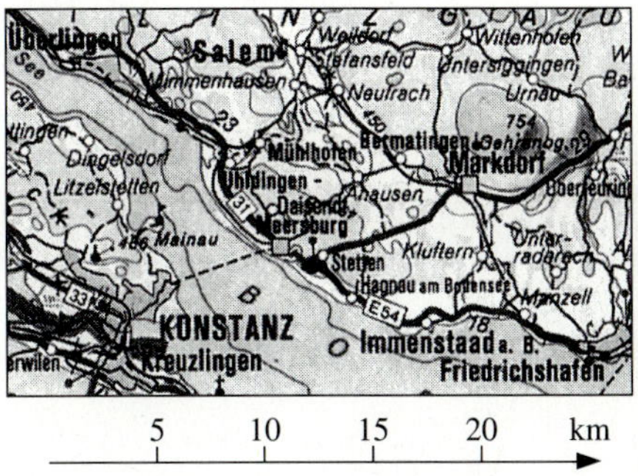

2 Berechne für den Maßstab 1 : 50 000 die fehlenden Größen.

Länge auf der Karte	1 cm	3 cm	7 cm	2,5 cm	5,5 cm	8,2 cm		
Länge in Wirklichkeit							4 km	10 km

Die Zuordnung „Maßstab“ ist **proportional.**

3 Berechne die fehlenden Größen.

a) Maßstab 1 : 200 000

Länge auf der Karte	1 cm	4 cm	2,5 cm	11 cm
Länge in Wirklichkeit				

b) Maßstab 1 : 25 000

Länge auf der Karte	1 cm	3 cm	5,6 cm	
Länge in Wirklichkeit				10 km

1 : 50 000 lies: „1 **zu** 50 000"

4 Die Abbildung zeigt einen Kartenausschnitt im Maßstab 1 : 12 000 000. Bestimme die Entfernungen in km (Luftlinie).

von – nach	Karte	Wirklichkeit
a) Dresden – Köln		
b) Berlin – Stuttgart		
c) Hamburg – München		

Besondere Maßstäbe:
1 : 100 Bauzeichnungen
1 : 10 000 Stadtpläne
1 : 25 000 Wanderkarten
1 : 50 000 „Meßtischblatt“
1 : 2 000 000 Atlas-Karte Deutschland

2; 5; 8; 8; 20; 22; 40; 250; 500; 750; 1 250; 1 400; 1 500; 2 750; 3 500; 4 100

✓ zu 2 und 3

2.1 Berechne die fehlenden Größen. Maßstab 1 : 100 000.

Länge Karte	3 cm	4,2 cm		8 mm	
Länge Wirklichkeit			12 km		0,5 km

3.1 Berechne die fehlenden Größen. Maßstab 1 : 50.

Länge Zeichnung	50 mm	13 mm	28 mm		
Länge Wirklichkeit				2,00 m	80 cm

4.1 Auf einer Wanderkarte, Maßstab 1 : 25 000, beträgt die Entfernung zweier Kirchen 8,2 cm. Wie groß ist die wirkliche Entfernung?

4.2 In einer Bauzeichnung, Maßstab 1 : 100, ist das Kinderzimmer 38 mm breit und 47 mm lang. Wie groß ist das Zimmer in Wirklichkeit?

•*5* Zeichne eine 4 km lange Strecke im Maßstab
a) 1 : 50 000, b) 1 : 20 000, c) 1 : 250 000.

5 *Schaubilder zu antiproportionalen Zuordnungen*

1 Zum Flächeninhalt eines Rechtecks ist die Zuordnung *Länge* → *Breite* antiproportional. Fülle die Tabelle aus und zeichne das Schaubild.

2 Aus einem Faß können 250 Gläser zu je 0,4 l ausgeschenkt werden. Lies die fehlenden Größen aus dem Schaubild ab. Überprüfe durch Rechnung.

Das Schaubild einer antiproportionalen Zuordnung ist eine **Hyperbel.**

· 2 : 4

1. Größe	3	6	1,5
2. Größe	2	1	4

: 2 · 4

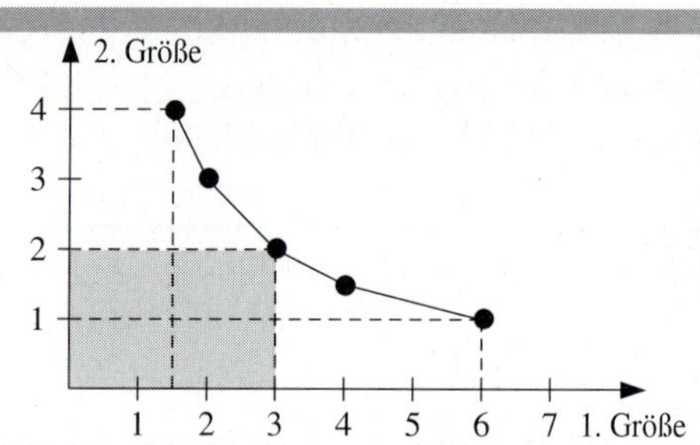

zu 1

Länge in cm	36			30	
Breite in cm	20	40	15		16

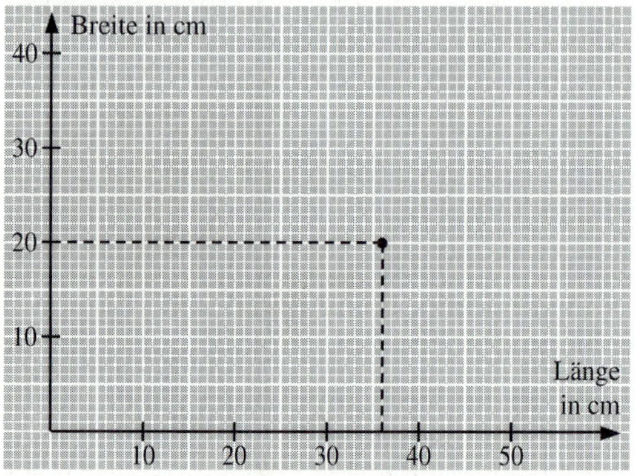

zu 2

Anzahl Gläser	250			100	
Füllmenge in l	0,4	0,2	0,5		0,25

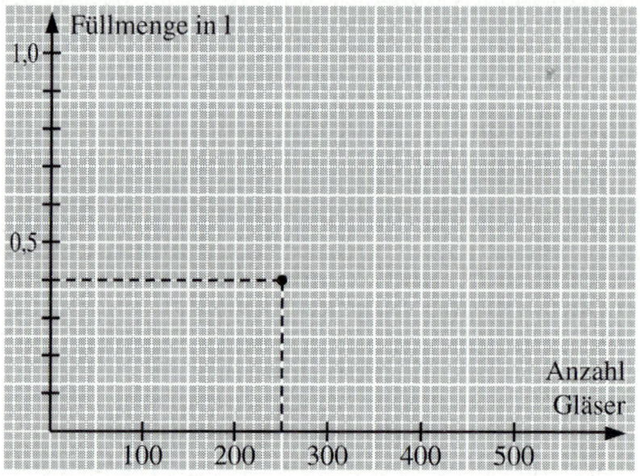

antiproportional:

doppelt · 5

4	8	40
10	5	1

halb : 5

halb : 3

6	3	1
8	16	48

doppelt · 3

3 Löse die antiproportionale Zuordnung zeichnerisch und fülle die Tabelle aus.

a) Eine Teemenge wird in 200 Beutel zu je 5 g abgepackt.

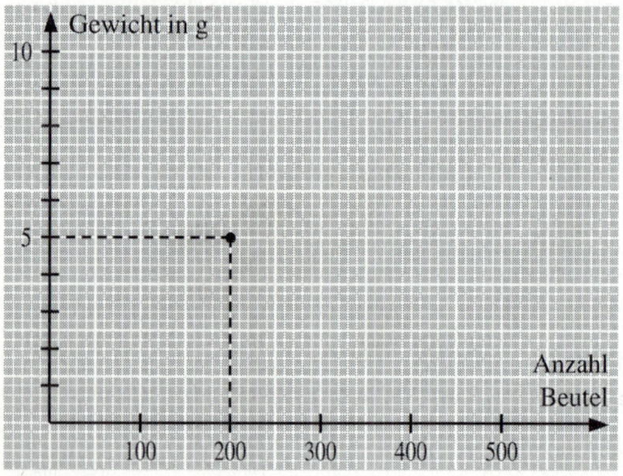

Anzahl Beutel	200		100	
Gewicht in g	5	2,5		8

b) Ein Gewinn wird verteilt. Bei 8 Personen erhält jeder 1 250 DM.

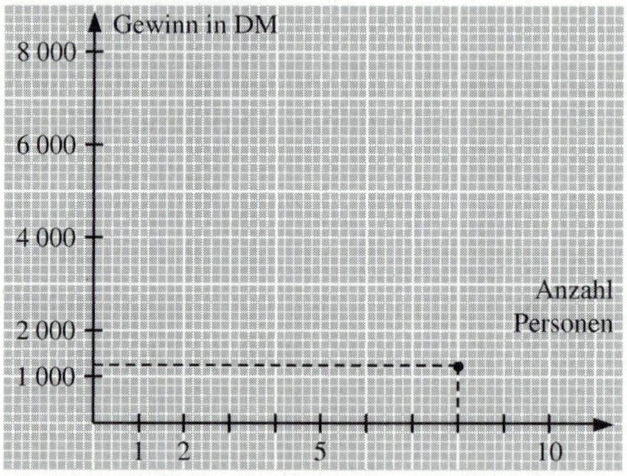

Anzahl Personen	8	4	2		
Gewinn in DM	1 250			2 000	1 000

zu 1 – 3

400; 125; 10; 10; 12; 10 000; 24; 45; 48; 18; 1,0; 400; 500; 200

1.1 Von einem Seil kann man 12 Stücke zu jeweils 70 cm abschneiden. Löse die antiproportionale Zuordnung *Anzahl Stücke* → *Länge der Stücke* zeichnerisch und fülle die Tabelle aus.

Anzahl	12	24	6			28
Länge	70 cm			10 cm	20 cm	

6 *Bunte Mischung*

Fülle die Tabellen aus und stelle die Zuordnungen im Koordinatensystem dar.

1 Proportionale Zuordnung:
„Gewicht von Packungen" *Anzahl → Gewicht*

Anzahl	5	10	2	
Gewicht	75 g			120 g

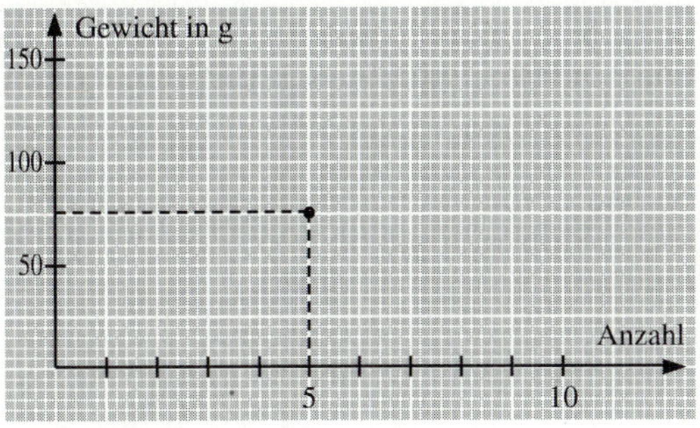

2 Antiproportionale Zuordnung:
„Futtervorrat" *Anzahl Tiere → Anzahl Tage*

Anzahl Tiere	12	15		
Anzahl Tage	20		10	30

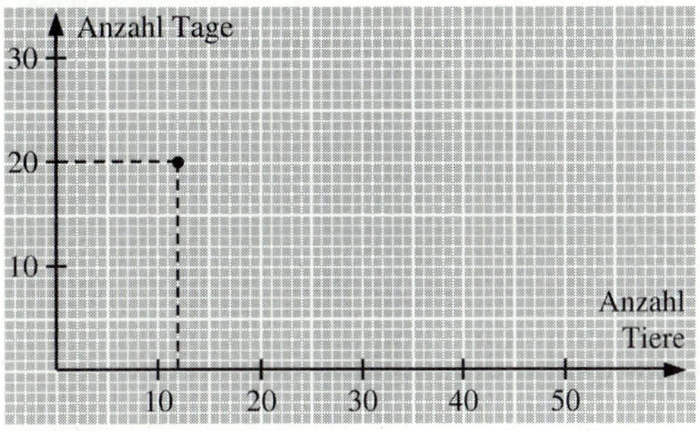

3 Antiproportionale Zuordnung:
„Fahrtkosten" *Anzahl → Preis je Person*

Anzahl Personen	21	15	30	
Preis je Person	20 DM			21 DM

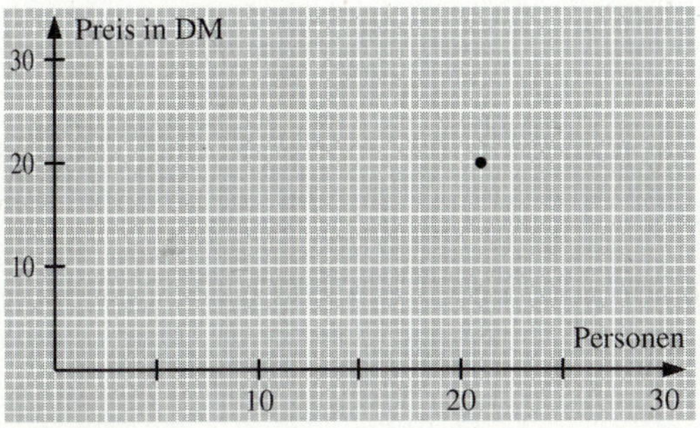

4 Proportionale Zuordnung: „Wasser läuft in die Badewanne" *Zeit → Füllmenge*

Zeit	3 min	2 min	$1\frac{1}{2}$ min	
Füllmenge	120 l			100 l

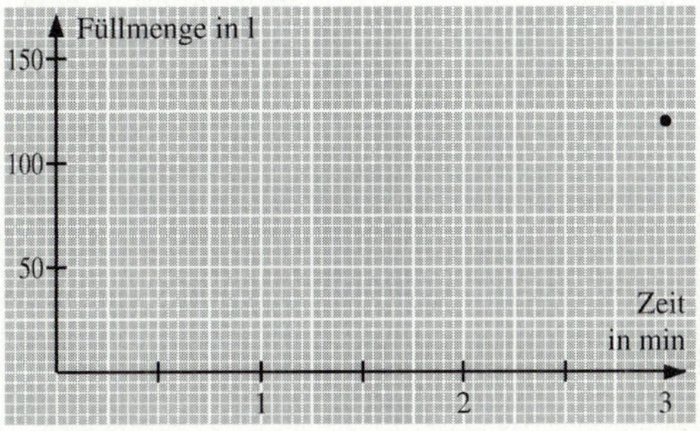

5 Berechne die fehlenden Größen.

a) Maßstab 1 : 50 000

Länge Karte	2 cm	11 cm	8 cm	5,5 cm
Länge Wirklichk.				

b) Maßstab 1 : 250 000

Länge Karte	3 cm	20 cm	$5\frac{1}{2}$ cm	7,2 cm
Länge Wirklichk.				

proportional:

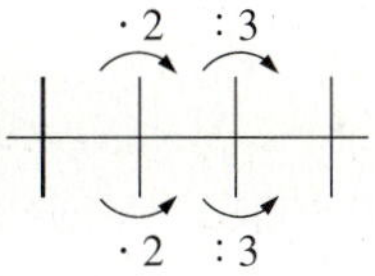

antiproportional:

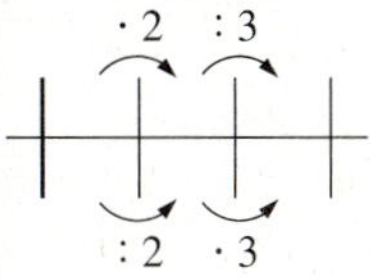

✓ zu 1 – 4

$2\frac{1}{2}$; 8; 8; 14; 16; 20; 24; 28; 30; 60; 80; 150

✓ zu 5

1; 2,75; 4; 5,5; 7,5; 13,75; 18; 50

1.1 Ein Roman kann in einem Buch auf 84 Seiten zu jeweils 70 Zeilen abgedruckt werden. Fülle für die antiproportionale Zuordnung *Zeilen → Seiten* die Tabelle aus und stelle sie im Koordinatensystem dar.

Zeilen pro Seite	70	60	49	42		
Anzahl Seiten	84				105	120

2.1 Für das Streichen von 60 m² Wandfläche wird 15 kg Farbe benötigt. Fülle für die proportionale Zuordnung *Wandfläche → Farbgewicht* die Tabelle aus und stelle sie im Koordinatensystem dar.

Wandfläche	60 m^2	30 m^2	40 m^2			100 m^2
Farbgewicht	15 kg			5 kg	12 kg	

6 Geometrie – Grundkonstruktionen

1 Gerade Linien

1 Notiere Strecken, Geraden und Halbgeraden.

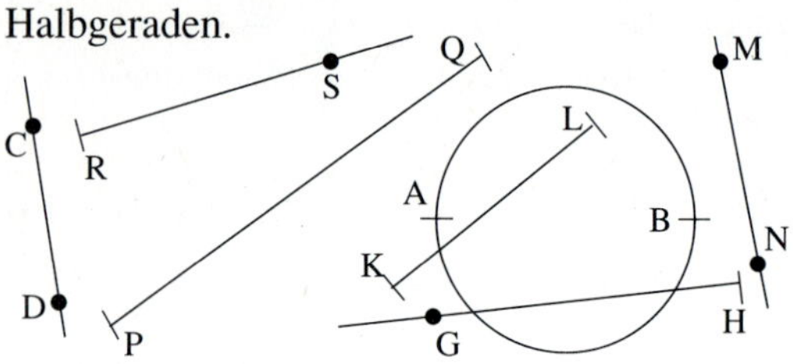

Geraden: ______________________

Strecken: ______________________

Halbgeraden: ______________________

Strecke $\overline{PQ}$
Strecke s

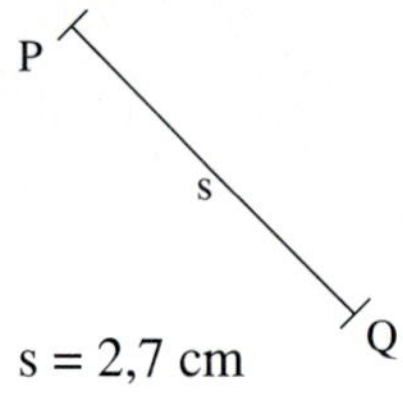

s = 2,7 cm

Gerade AB
Gerade g

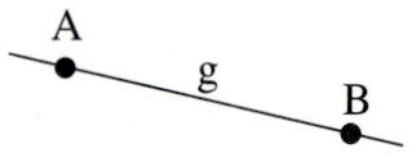

Halbgerade $\overline{TZ}$
Halbgerade h

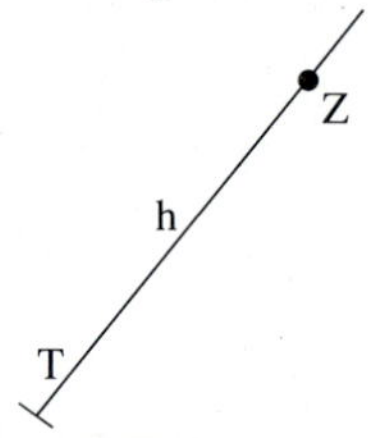

2 Zeichne die Geraden DF und EF, die Strecken $\overline{HL}$ und $\overline{DE}$ und die Halbgeraden $\overline{DH}$ und $\overline{EL}$.

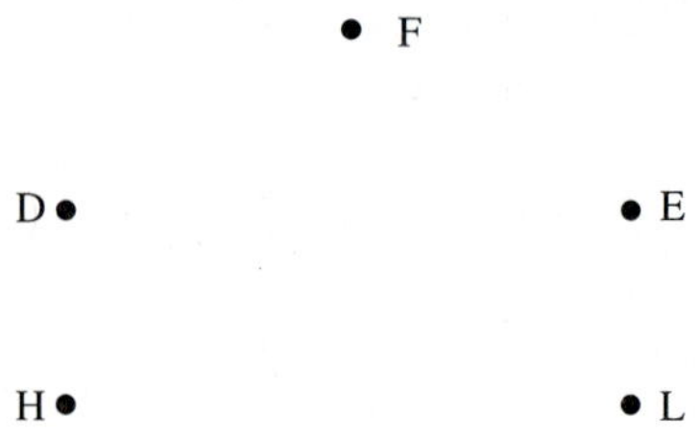

3 Zeichne folgende Strecken:

	$\overline{AB}$	$\overline{CD}$	$\overline{EF}$	$\overline{GH}$	$\overline{IK}$
Länge	4 cm	5 cm	6 cm	5,5 cm	3,7 cm

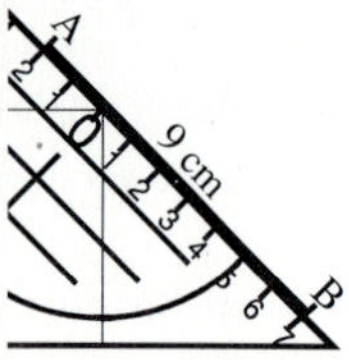

4 a) Zeichne alle möglichen Strecken.

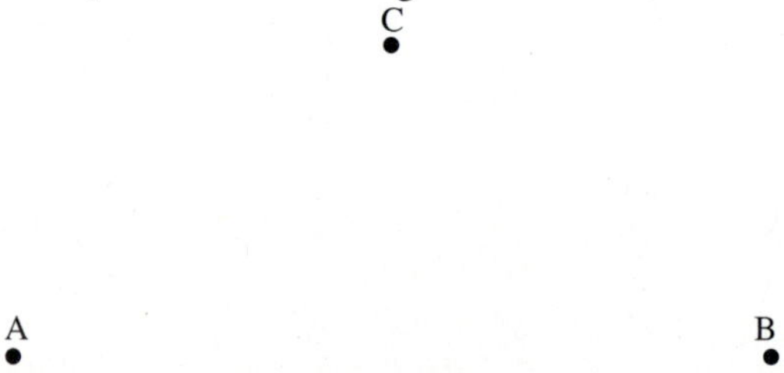

b) Miß die Länge und trage ein:

	$\overline{AB}$	$\overline{AC}$	$\overline{CB}$
Länge			

c) Halbiere jede Strecke und markiere den Mittelpunkt.

5 a) Zeichne die Punkte P, Q, R, S.
b) Zeichne alle Verbindungsgeraden.

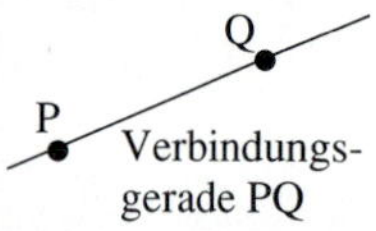

c) Notiere die Geraden:

____

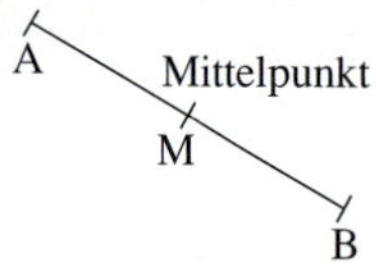

2.1 a) Zeichne Fig. 1 ab.
b) Zeichne die Geraden AB und DC.
c) Zeichne die Halbgeraden $\overline{EB}$ und $\overline{AE}$.
d) Zeichne die Strecken $\overline{BC}$ und $\overline{AD}$.

3.1 Zeichne die Strecken:

Strecke	$\overline{HK}$	$\overline{BC}$	$\overline{DF}$	$\overline{PQ}$	$\overline{AZ}$	$\overline{MN}$
Länge	4 cm	5,5 cm	6,2 cm	8 mm	7 cm	9,2 cm

4.1 a) Zeichne Fig. 2 ab.
b) Zeichne alle möglichen Strecken.
c) Miß die Länge der Strecken und schreibe sie auf.
d) Halbiere jede Strecke und markiere den Mittelpunkt.

Fig. 1

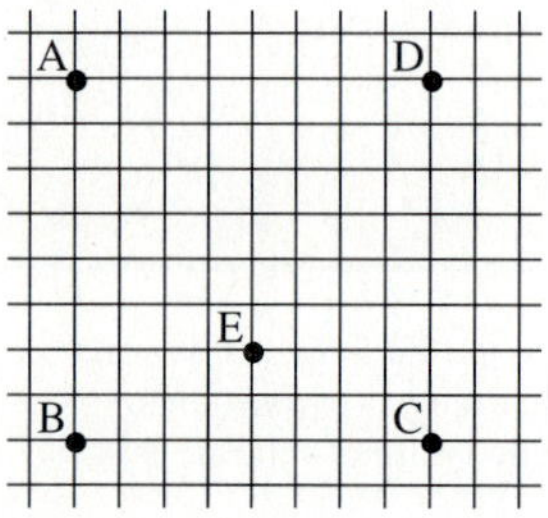

Fig. 2

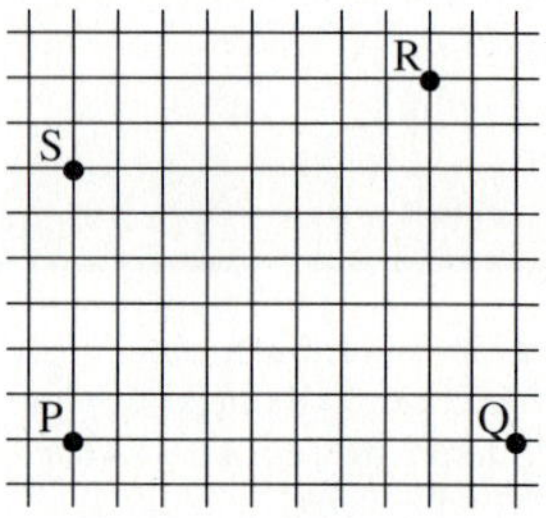

2 *Senkrecht und parallel*

1 Welche Geraden sind senkrecht und welche sind parallel zueinander?

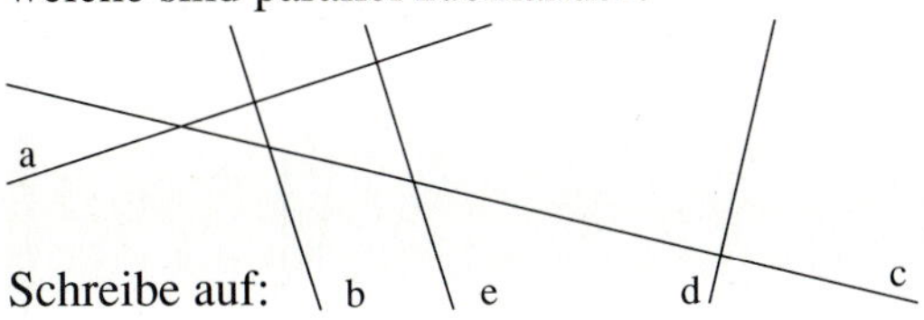

Schreibe auf: ________________________

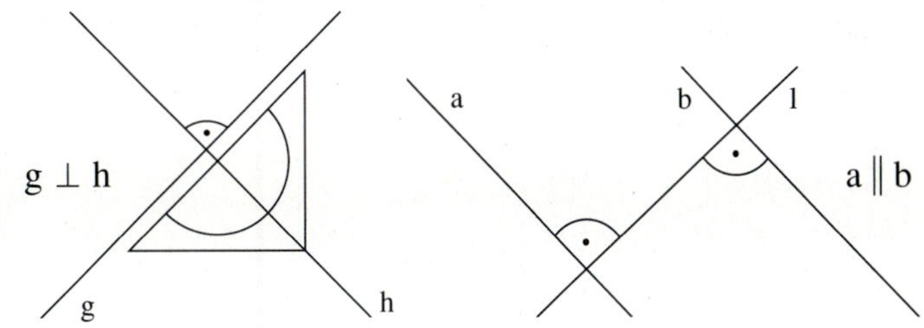

g ist senkrecht zu h

a ist parallel zu b

2 Zeichne drei Geraden a, b und c nach folgenden Bedingungen:
$a \parallel b$ und $c \perp a$.

3 Zeichne vier Geraden e, f, g und h nach folgenden Bedingungen:
$e \perp g$, $h \parallel g$ und $f \parallel e$.

⚠

$g \perp h \Leftrightarrow h \perp g$
$a \parallel b \Leftrightarrow b \parallel a$

4 Zeichne zur Geraden h
a) eine Parallele im Abstand von 1,5 cm,
b) eine Parallele im Abstand von 2 cm,
c) eine Parallele im Abstand von 3,5 cm.

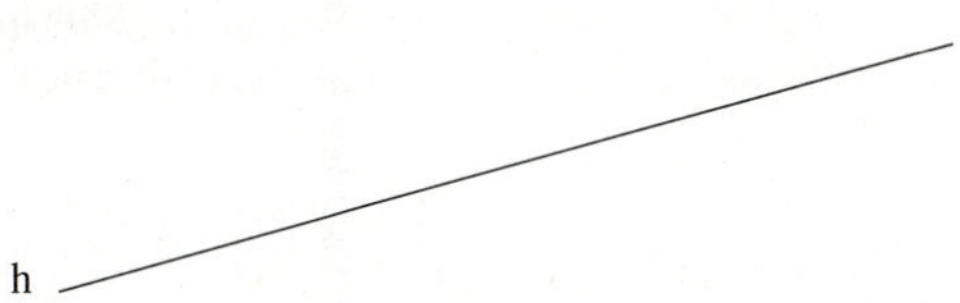

5 Zeichne die Gerade g und einen Punkt P, der nicht auf g liegt. Zeichne die Senkrechte zu g durch P.

⚠

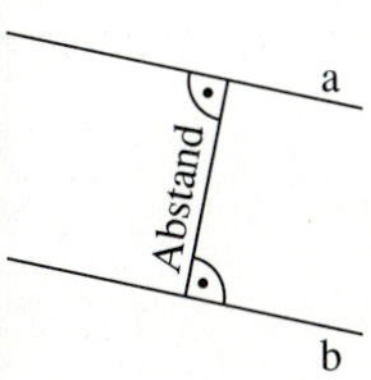

1.1 Welche Geraden sind senkrecht und welche sind parallel zueinander? Schreibe auf mit ∥ und ⊥.

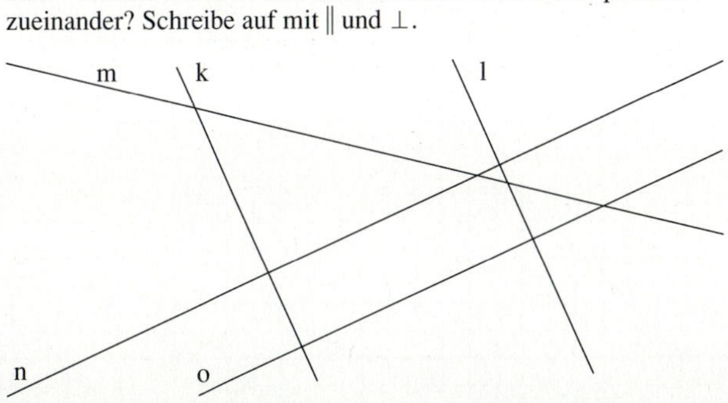

2.1 Zeichne drei Geraden p, q und r nach folgenden Bedingungen: $q \perp r$, $p \parallel r$.

3.1 Zeichne vier Geraden k, l, m und n nach folgenden Bedingungen: $k \parallel l$, $m \perp k$, $n \perp k$.

3.2 Zeichne vier Geraden d, e, f und g nach folgenden Bedingungen: $e \parallel f$, $g \perp e$, $d \parallel g$.

4.1 Zeichne jeweils zwei parallele Geraden im Abstand von:
a) 1 cm b) 15 mm c) 2 cm d) 2,5 cm e) 4 cm

5.1 Zeichne die Gerade m und einen Punkt Q, der nicht auf m liegt. Zeichne die Senkrechte zu m durch Q.

3 *Mittelsenkrechte*

1 Konstruiere die Mittelsenkrechte mit Zirkel und Lineal.

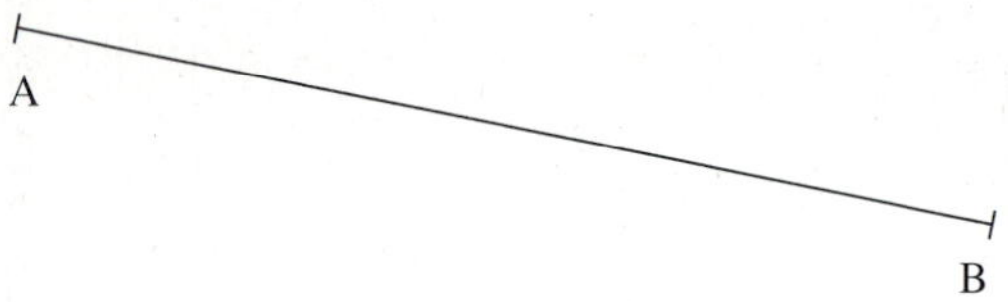

Konstruktion der Mittelsenkrechten mit Zirkel und Lineal

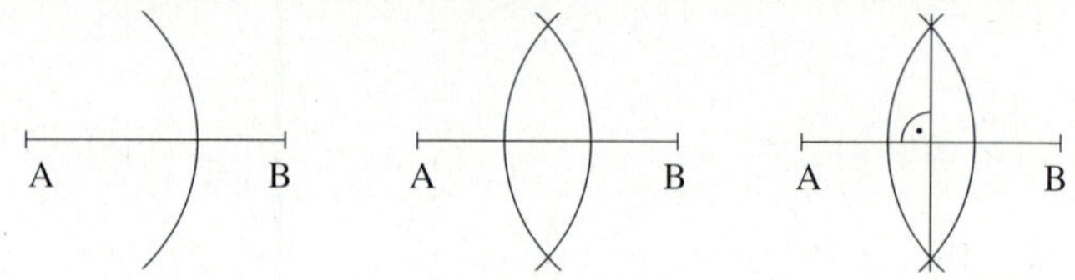

(1) Kreisbogen um A

(2) Kreisbogen um B mit gleichem Radius

(3) Gerade durch die Schnittpunkte

2 Konstruiere die Mittelsenkrechte mit Zirkel und Lineal.

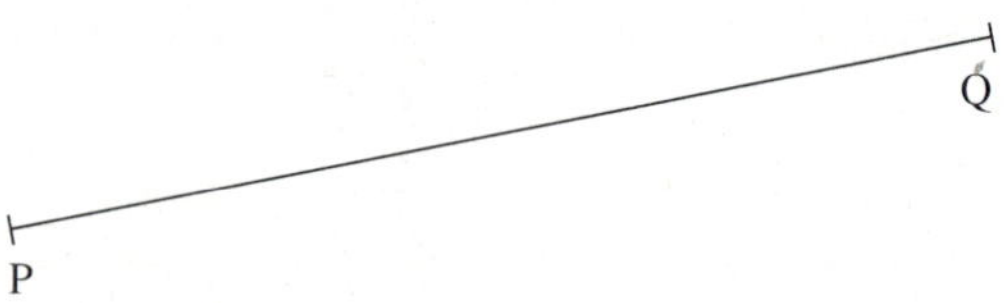

3 Halbiere die Strecke mit Zirkel und Lineal.

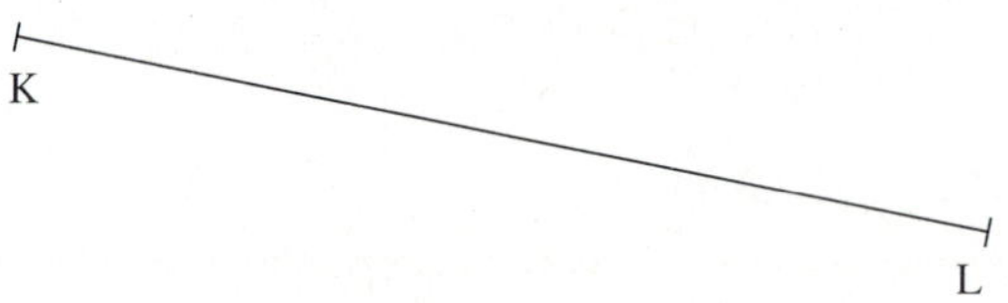

4 Zeichne eine Strecke der Länge 7,5 cm und halbiere sie.

5 Zeichne im Dreieck

a) die Mittelsenkrechte zur Seite $\overline{AB}$,

b) die Mittelsenkrechte zur Seite $\overline{BC}$,

c) die Mittelsenkrechte zur Seite $\overline{AC}$.

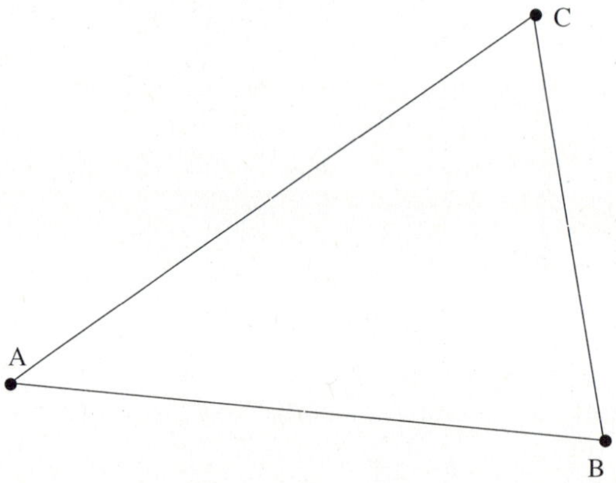

Zeichnen der Mittelsenkrechten mit dem Geodreieck

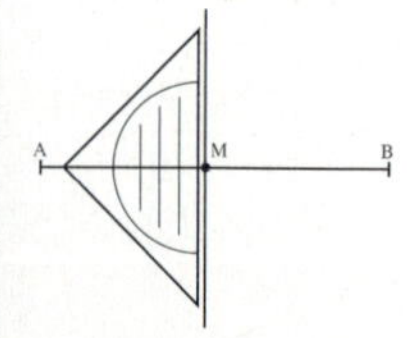

Die Senkrechte durch den Mittelpunkt zeichnen.

1.1 a) Zeichne die Strecke (Fig. 1) ab.
b) Konstruiere die Mittelsenkrechte.

3.1 Zeichne folgende Strecken und halbiere sie.

Strecke	$\overline{AB}$	$\overline{CD}$	$\overline{EF}$	$\overline{GH}$	$\overline{KL}$	$\overline{RT}$
Länge	8 cm	6,5 cm	7,4 cm	5,6 cm	4,9 cm	10,4 cm

5.1 Zeichne das Dreieck (Fig. 2) ab. Zeichne
a) die Mittelsenkrechte zur Seite $\overline{AB}$,
b) die Mittelsenkrechte zur Seite $\overline{BC}$,
c) die Mittelsenkrechte zur Seite $\overline{AC}$.

Fig. 1

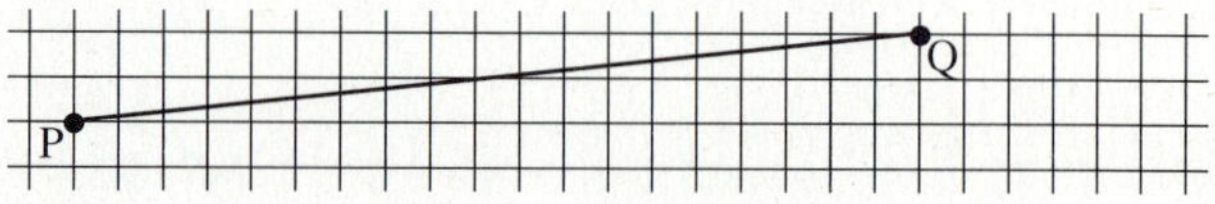

Fig. 2

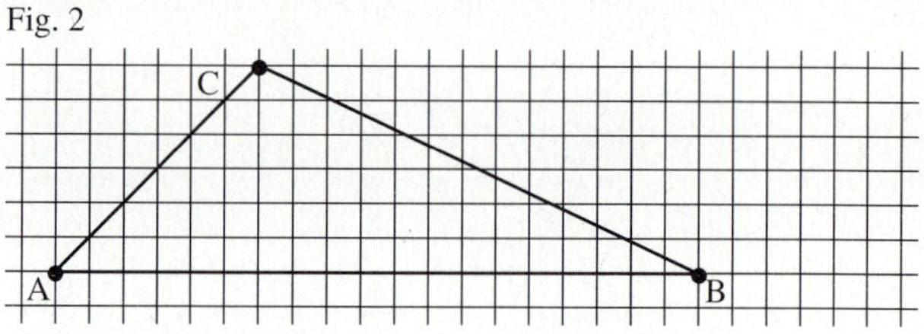

4 Winkel

1 Zeichne die Winkel:
$\alpha = 45°$ $\beta = 70°$ $\gamma = 15°$

Winkel zeichnen

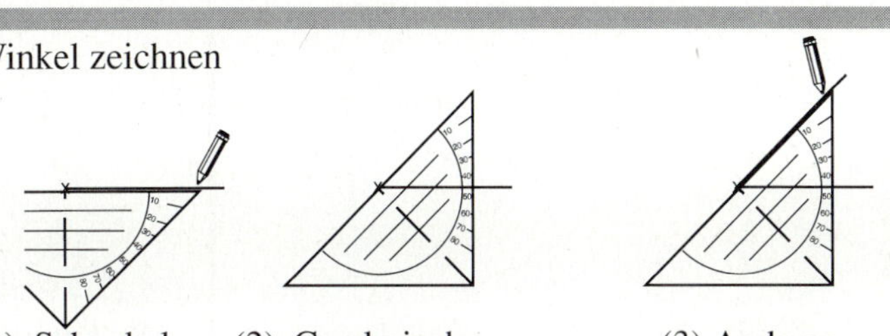

(1) Schenkel zeichnen. (2) Geodreieck entsprechend der Winkelgröße drehen. (3) Anderen Schenkel zeichnen.

2 a) Schätze die Größe der Winkel.
b) Miß dann die Winkelgröße.

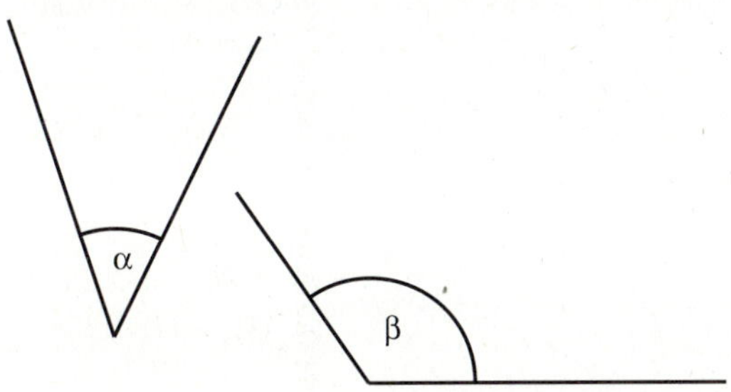

geschätzt: $\alpha \approx$ ______ $\beta \approx$ ______

gemessen: $\alpha =$ ______ $\beta =$ ______

3 a) Bestimme die Winkelart.
b) Miß die Winkelgröße.

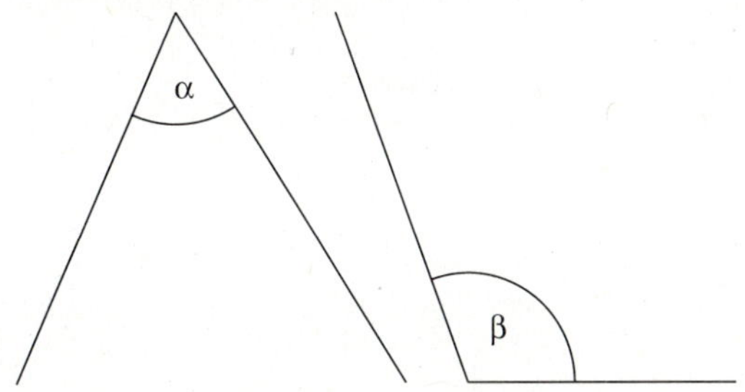

α ______________________

β ______________________

4 a) Miß die Winkel im Dreieck.

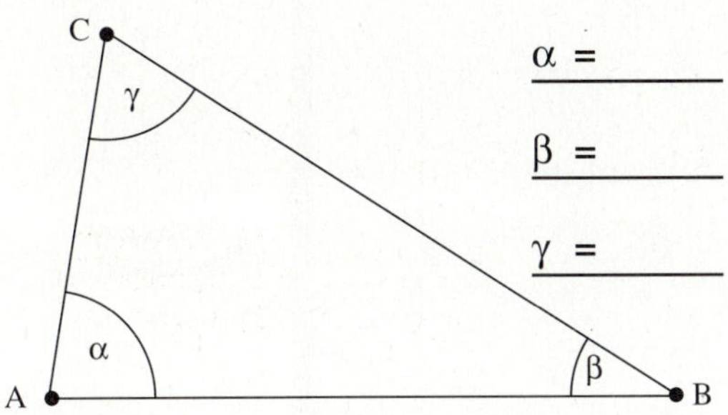

$\alpha =$ ______

$\beta =$ ______

$\gamma =$ ______

b) Berechne die Summe der drei Winkel.

____

5 a) Miß die Winkel im Dreieck.

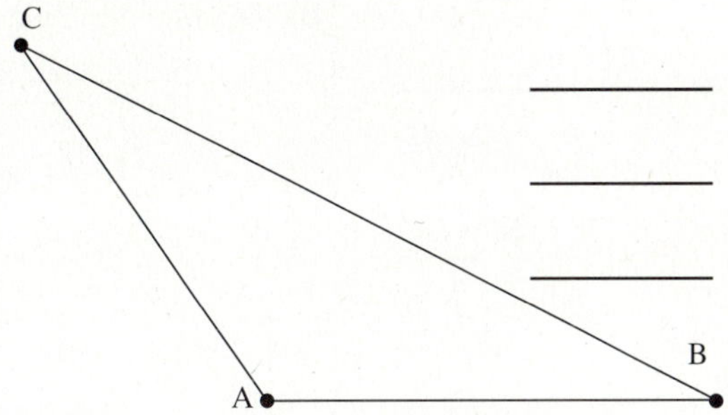

______

______

______

b) Berechne die Summe der drei Winkel.

____

Schenkel zum Messen verlängern.

Winkelarten:

spitzer Winkel

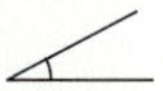

rechter Winkel

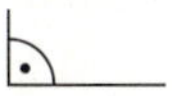

stumpfer Winkel

gestreckter Winkel

überstumpfer Winkel

Vollwinkel

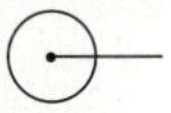

α Alpha
β Beta
γ Gamma
δ Delta
ε Epsilon

1.1 a) Zeichne Winkel folgender Größe:
$\alpha = 25°$, $\beta = 65°$, $\gamma = 155°$, $\delta = 90°$, $\varepsilon = 210°$.
b) Bestimme die Winkelart.

4.1 a) Zeichne die Figur 1 ab.
b) Miß die Größe der Winkel und berechne ihre Summe.

5.1 a) Zeichne die Figur 2 ab.
b) Miß die Größe der Winkel und berechne ihre Summe.

Fig. 1

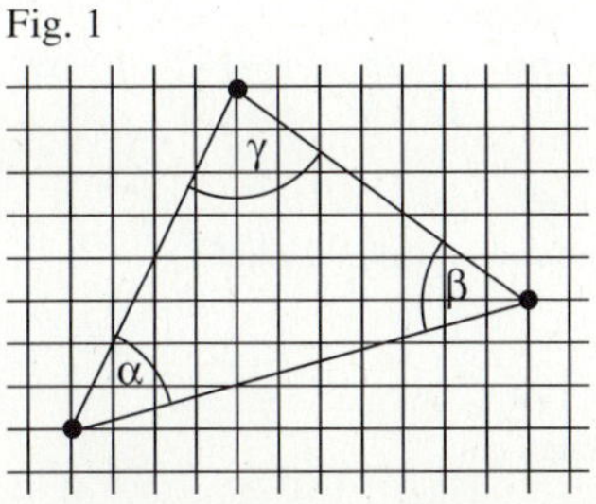

Fig. 2

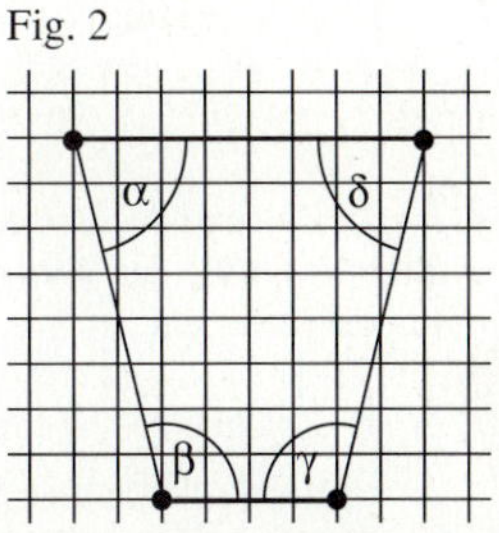

5 *Winkelhalbierende*

1 Konstruiere die Winkelhalbierende.

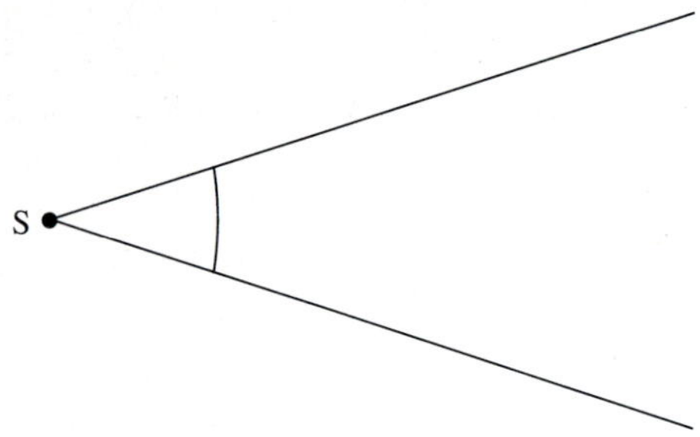

Konstruktion der Winkelhalbierenden mit Zirkel und Lineal

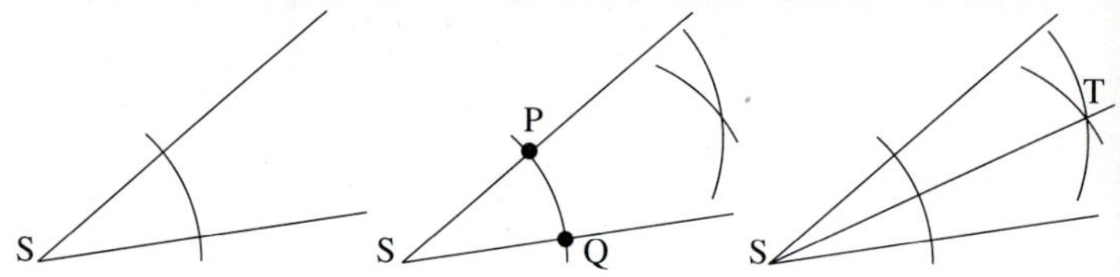

(1) Kreisbogen um S. (2) Kreisbögen um P und Q mit gleichem Radius (3) Winkelhalbierende durch S und T zeichnen.

2 Halbiere die Winkel.

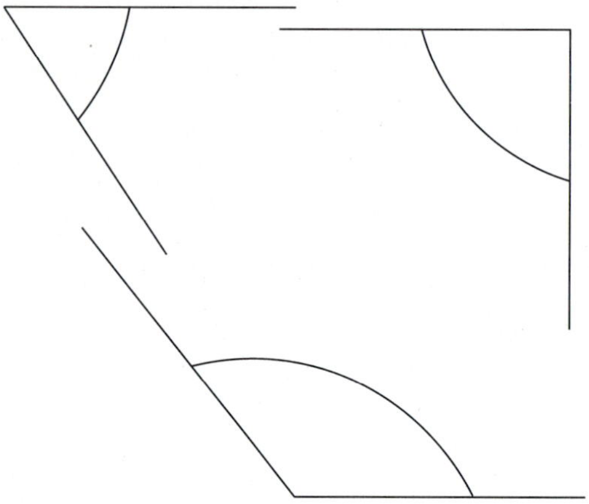

3 a) Zeichne einen Winkel der Größe 144°.
b) Zeichne die Winkelhalbierende ein.

Zeichnen der Winkelhalbierende mit dem Geodreieck

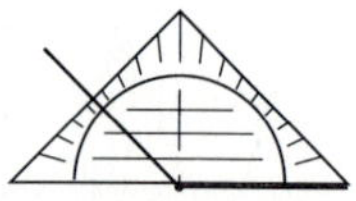

(1) Winkelgröße messen.

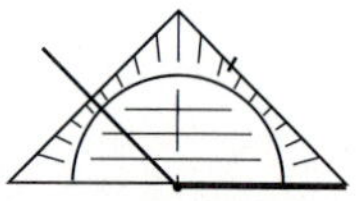

(2) Winkelgröße halbieren, Punkt markieren.

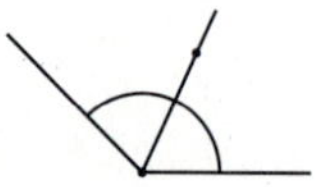

(3) Winkelhalbierende zeichnen.

4 a) Miß die Winkel.

α = ________ β = ________ γ = ________

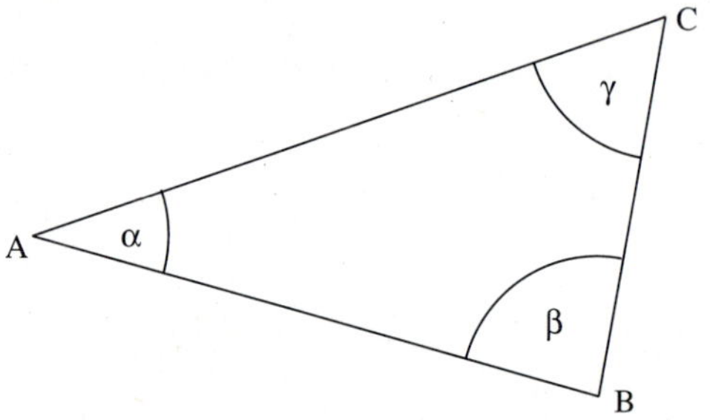

b) Zeichne alle Winkelhalbierenden ein.

5 a) Zeichne alle Winkelhalbierenden.
b) Zeichne die Diagonalen ein.

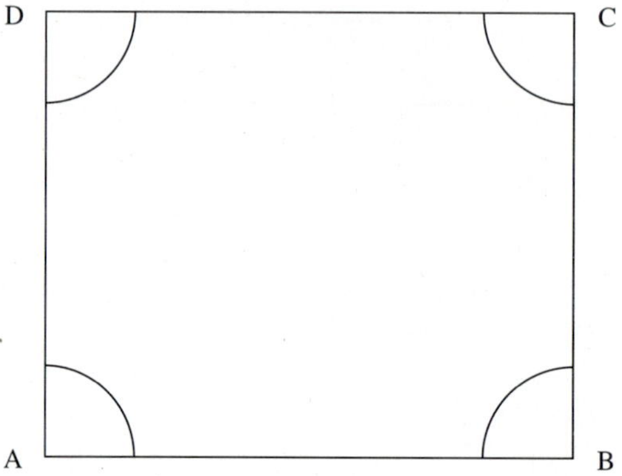

1.1 Konstruiere die Winkelhalbierende bei folgenden Winkeln:
a) 76° b) 38° c) 157° d) 268° e) 79° f) 145° g) 69°
h) 280° i) 324° j) 70° k) 31° l) 48° m) 135°

4.1 a) Zeichne das Dreieck (Fig. 1) ab.
b) Miß die Größe der Winkel und zeichne alle Winkelhalbierenden ein.

5.1 a) Zeichne das Rechteck (Fig. 2) ab.
b) Zeichne alle Winkelhalbierenden ein.

Fig. 1

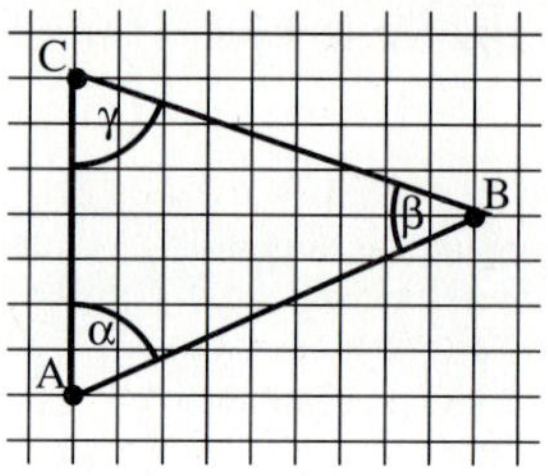

Fig. 2

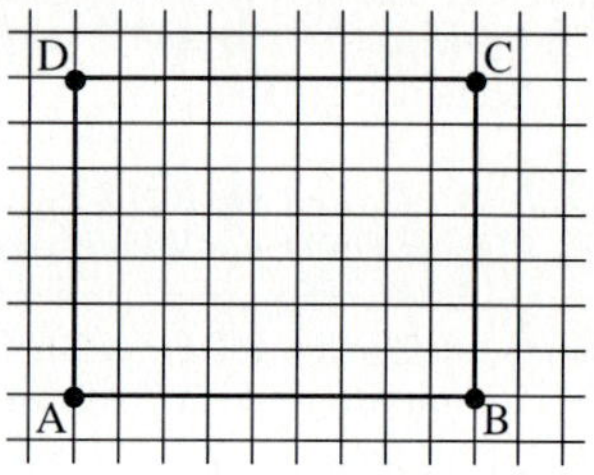

7 Ganze Zahlen

Rauf und Runter

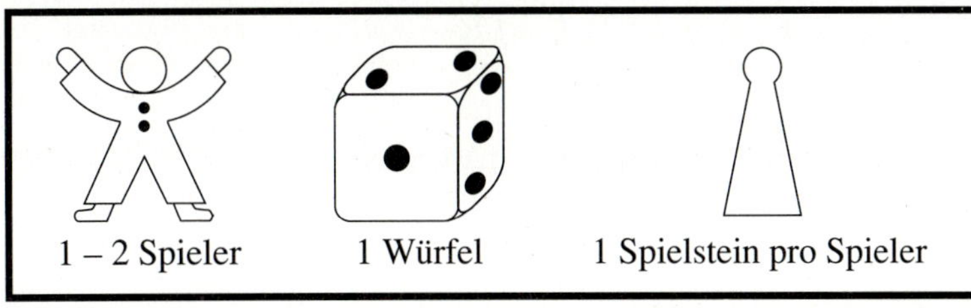

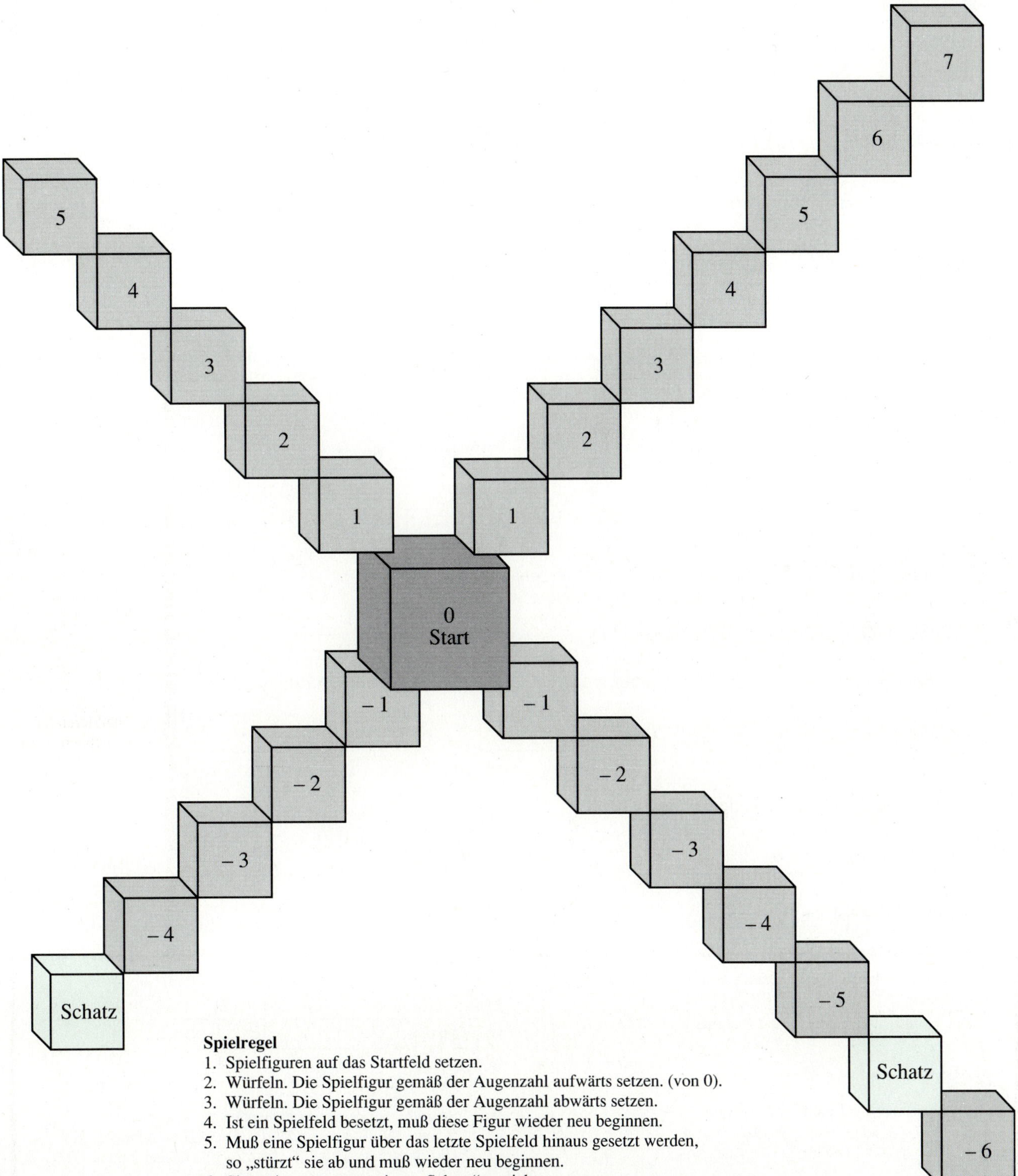

Spielregel
1. Spielfiguren auf das Startfeld setzen.
2. Würfeln. Die Spielfigur gemäß der Augenzahl aufwärts setzen. (von 0).
3. Würfeln. Die Spielfigur gemäß der Augenzahl abwärts setzen.
4. Ist ein Spielfeld besetzt, muß diese Figur wieder neu beginnen.
5. Muß eine Spielfigur über das letzte Spielfeld hinaus gesetzt werden, so „stürzt“ sie ab und muß wieder neu beginnen.
6. Sieger ist, wer zuerst einen „Schatz“ erreicht.

1 Ganze Zahlen darstellen und notieren

1 Lies die auf der Zahlengerade markierten Zahlen ab. Notiere sie.

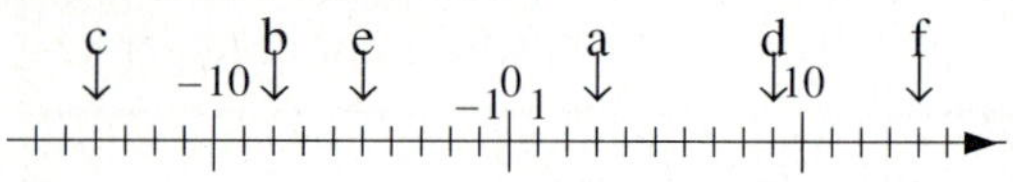

a) ______ b) ______ c) ______

d) ______ e) ______ f) ______

negative Zahlen Null positive Zahlen

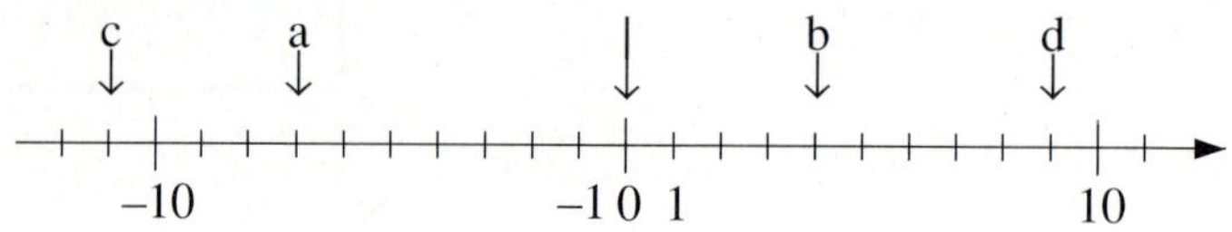

Markierte Zahlen: a) −7 (lies: minus 7) b) 4
c) −11 d) 9

2 Markiere auf der Zahlengerade
a) in rot: 40, −60, −15, 75, −25
b) in blau: −85, 90, −70, −35, 65

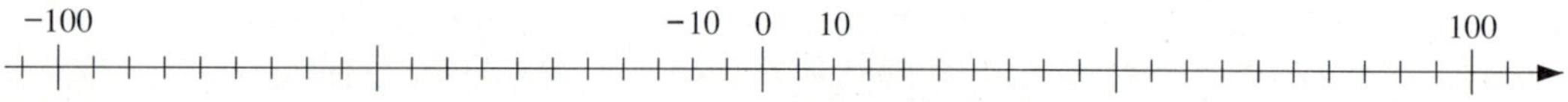

3 Fülle die Tabelle aus.

Zahl	8	−20			−1			800	−900	
Gegenzahl			42	−65		110	−250			500

4 Fülle die Tabelle aus.

Zahl	−4	6	8	−10	−13			−97	86		49
Vorzeichen	−	+				−	+			−	
Betrag	4					7	9			18	

5 Schreibe mit dem entsprechenden Vorzeichen.

a) 18 °C über Null: ______ b) 7 °C unter Null: ______ c) 23 °C unter Null: ______

d) 16 °C unter Null: ______ e) 31 °C über Null: ______ f) 67 °C unter Null: ______

6 Schreibe mit dem entsprechenden Vorzeichen.

a) 431 DM Guthaben: ______ b) 942 DM Schulden: ______

c) 607 DM Schulden: ______ d) 286 DM Guthaben: ______

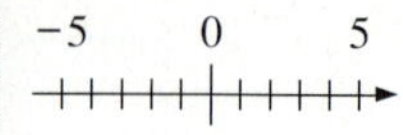

−5 ist die Gegenzahl von 5.

5 ist die Gegenzahl von −5.

Zahl: −9
Vorzeichen: −
Betrag: 9

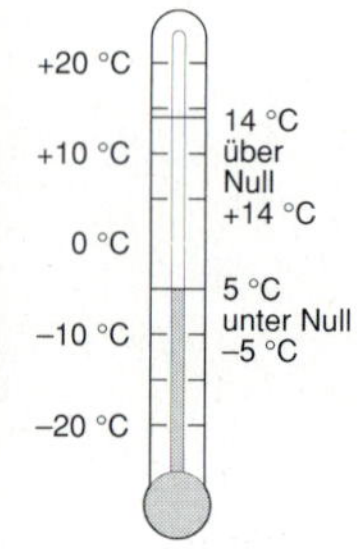

75 DM Guthaben → 75 DM
75 DM Schulden → −75 DM

1.1 Lies die auf der Zahlengeraden markierten Zahlen ab und notiere sie.

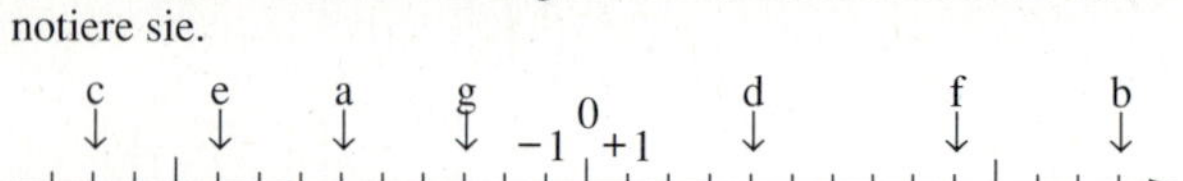

3.1 Übertrage die Tabelle und fülle aus.

Zahl	9	−18			−98
Gegenzahl			−17	46	

4.1 Übertrage die Tabelle ins Heft und fülle sie aus.

Zahl	−56		578		−1 075
Vorzeichen		+		−	
Betrag		209		981	

5.1 Schreibe mit dem entsprechenden Vorzeichen.
a) 24 °C unter Null b) 59 DM Guthaben
c) 72 DM Schulden d) 54 °C über Null

2 *Ordnen und vergleichen*

1 Vergleiche. Setze passend <, > oder = ein.

a) 3 ____ 4 b) 0 ____ 1

c) −3 ____ −4 d) 0 ____ −1

e) 4 ____ −5 f) 2 ____ −10

g) −5 ____ 2 h) −6 ____ 0

i) −31 ____ 13 j) −24 ____ −24,0 k) −24 ____ −42 l) −57 ____ −75

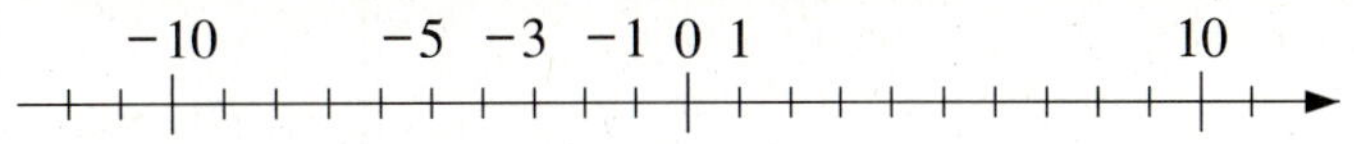

−5 < −1, denn −5 liegt links von −1.

−3 < 1, denn −3 liegt links von 1.

−3 > −5, denn −3 liegt rechts von −5.

2 Ordne nach der Größe.

a) 7, −3, 4, −8, 9, −10, −1 ____________

b) 17, −14, 41, −71, 14, −41, −17 ____________

c) −45, 38, −54, 83, −79, 97, −83 ____________

d) 113, −231, 131, −213, −121 ____________

3 Vergleiche die Kontostände. Setze passend <, > oder = ein.

a) 310 DM ____ 130 DM b) −310 DM ____ −130 DM c) −310 DM ____ 130 DM

d) −78 DM ____ 78 DM e) −78 DM ____ −780 DM f) 78 DM ____ −780 DM

g) −651 DM ____ −561 DM h) −429 DM ____ −429 DM i) −980 DM ____ 98 DM

4 Vergleiche die Temperaturen. Setze passend <, > oder = ein.

a) 13 °C ____ 19 °C b) 21 °C ____ −2 °C c) 3,5 °C ____ −5 °C

d) −3 °C ____ −13 °C e) −15 °C ____ 5 °C f) −18 °C ____ −81 °C

5 Schreibe die höhere Temperatur auf.

a) 23 °C oder 18 °C? ____________

b) 11 °C oder −1 °C? ____________

c) −3 °C oder 13 °C? ____________

6 Schreibe die niedrigere Temperatur auf.

a) −15 °C oder −19 °C? ____________

b) −2 °C oder −20 °C? ____________

c) 28 °C oder −8 °C? ____________

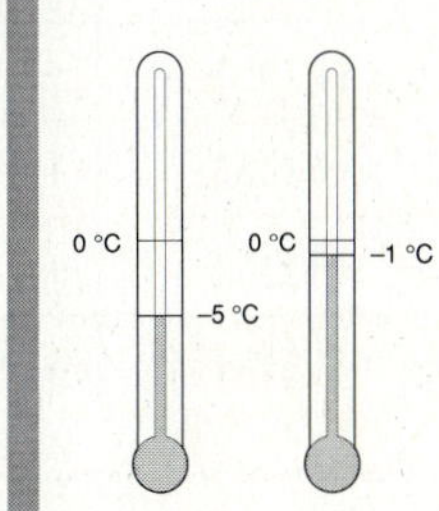

−5 °C < −1 °C

1.1 Vergleiche. Setze passend <, > oder = ein.
a) 3 ■ 8 b) 6 ■ −1 c) −5 ■ −1
d) 0 ■ −2 e) −9 ■ −19 f) 8 ■ −2

3.1 Vergleiche die Kontostände. Setze <, > oder = ein.
a) 310 DM ■ 130 DM b) −273 DM ■ 18 DM
c) −78 DM ■ −780 DM d) −651 DM ■ −165 DM
e) −39 DM ■ −93 DM f) 259 DM ■ −999 DM

4.1 Vergleiche die Temperaturen. Setze passend <, > oder = ein.
a) 23 °C oder 18 °C? b) −20°C oder 2°C?
c) −15 °C oder −19 °C? d) −35°C oder −28°C?

5.1 Schreibe die höhere Temperatur auf.
a) 3 °C oder −30 °C? b) −22 °C oder 12 °C?
c) −32 °C oder 23 °C? d) 31 °C oder −54 °C?
e) −43 °C oder −34 °C? f) 31 °C oder 45 °C?

3 Ganze Zahlen addieren

1 Schreibe ohne Klammer. Berechne.

a) 12 + (+21)
= 12 + 21
= ______

b) 12 + (−21)
= ______
= ______

	7 + (+3)	7 + (−3)	−7 + (+3)	−7 + (−3)
(1) Klammern auflösen	= 7 + 3	= 7 − 3	= −7 + 3	= −7 − 3
(2) Ausrechnen	= 10	= 4	= −4	= −10

c) −12 + (+21)
= ______
= ______

d) −12 + (−21)
= ______
= ______

e) −21 + (−12)
= ______
= ______

f) −21 + (+12)
= ______
= ______

−33; −9; −9; −9; 9; 33

2

+	7	(−7)	10	(−10)
7				
−7				

3

+	8	(−8)	20	(−20)
18				
−18				

−38; −26; −17; −14; −10; −3; −2; 0; 0; 2; 3; 10; 14; 17; 26; 38

4 a) 6 °C + 7 °C = ____ b) −6 °C + 7 °C = ____ c) −6 °C + 3 °C = ____

d) −12 °C + 9 °C = ____ e) −9 °C + 12 °C = ____ f) −13 °C + 13 °C = ____

−3°; −3°; 0°; 1°; 3°; 13°

5 a) 65 DM + 29 DM = ______ b) −65 DM + 29 DM = ______

c) −29 DM + 65 DM = ______ d) −42 DM + 71 DM = ______

e) −71 DM + 42 DM = ______ f) −29 DM + 29 DM = ______

−36; −29; 0 ; 29 ; 36; 94

6 Berechne die Kontostände.

alter Kontostand	Buchung	neuer Kontostand
134 DM	+ 96 DM	
−134 DM	+ 96 DM	
− 96 DM	+134 DM	
− 96 DM	+ 96 DM	

7 Fülle die Tabelle aus.

alter Kontostand	Buchung	neuer Kontostand
215 DM		350 DM
−215 DM		−80 DM
−215 DM		75 DM
−215 DM		0 DM

−38; 0; 38; 135; 135; 215; 230; 290

+ (+) → +
+ (−) → −

zu 1

Gleiche Zeichen:
+3 + 8 = +11
−3 − 8 = −11

zu 2 – 3

Beträge addieren
Vorzeichen bleibt

zu 4

Ungleiche Zeichen:
+3 − 8 = −5
−3 + 8 = +5
Beträge subtrahieren
Vorzeichen der größeren Zahl.

zu 5

zu 6 – 7

4.1 a) 14 °C + (+8 °C) b) 7 °C + 24 °C
c) −12 °C + 41 °C d) 8 °C + (−23 °C)
e) −19 °C + (−14 °C) f) −6 °C + 13 °C

5.1 a) −24 DM + 35 DM b) 46 DM + 79 DM
c) −32 DM + 81 DM d) 32 DM + (−61 DM)
e) −85 DM + (−58 DM) f) −73 DM + 37 DM

7.1 Übertrage die Tabelle ins Heft. Fülle die Tabelle aus.

alter Kontostand	Buchung	neuer Kontostand
162 DM	+398 DM	
−438 DM	+269 DM	
−197 DM		−135 DM
− 85 DM		253 DM
623 DM		701 DM
−476 DM		423 DM

4 *Ganze Zahlen subtrahieren*

1 Schreibe ohne Klammer. Berechne.

	2 − (−9)	−2 − (−9)	−2 − (+9)
(1) Klammer auflösen	= 2 + 9	= −2 + 9	= −2 − 9
(2) Ausrechnen	= 11	= 7	= −11

a) 13 − (+18)
= ____
= ____

b) 13 − (−18)
= ____
= ____

c) −13 − (+18)
= ____
= ____

d) −13 − (−18)
= ____
= ____

e) −13 − (+8)
= ____
= ____

f) 13 − (−8)
= ____
= ____

g) 203 − (+124)
= ____
= ____

h) 519 − (−264)
= ____
= ____

i) −301 − (+301)
= ____
= ____

j) −301 − (−301)
= ____
= ____

−602; −31; −21; −5; 0; 5; 21; 31; 79; 783

− (+) → −
− (−) → +

Gleiche Zeichen:
+3 + 8 = +11
−3 − 8 = −11

✓ zu 1

Beträge addieren
Vorzeichen bleibt

Ungleiche Zeichen:
+3 − 8 = −5
−3 + 8 = +5
Beträge subtrahieren
Vorzeichen der größeren Zahl.

2 Berechne jeweils den neuen Kontostand.

alter Kontostand	Buchung	neuer Kontostand
135 DM	− 97 DM	
135 DM	−219 DM	
−135 DM	− 25 DM	
−135 DM	−314 DM	
204 DM	−451 DM	
−506 DM	−379 DM	
1960 DM	−1960 DM	
279 DM	−502 DM	
279 DM	− 97 DM	

3 Fülle die Tabelle aus.

alter Kontostand	Buchung	neuer Kontostand
127 DM		32 DM
127 DM		− 32 DM
− 83 DM		−157 DM
	−206 DM	346 DM
	−327 DM	−163 DM
	−124 DM	0 DM
−356 DM		−735 DM
−413 DM	−168 DM	
407 DM	−407 DM	

−449; −379; −247; −160; −159; −95; −84; −74; 0; 0; 38; 124; 164; 182; 552; 581; 885

✓ zu 2 und 3

1.1 a) 14 °C − (+7 °C) b) 23 °C − (+28 °C)
c) −7 °C − (−12 °C) d) −18 °C − (−23 °C)
e) 12 °C + (−21 °C) f) 21 °C − (−15 °C)

2.1 a) 17 DM − 9 DM b) 82 DM − 89 DM
c) 52 DM − 96 DM d) −23 DM − 58 DM
e) −67 DM − 76 DM f) −91 DM − 9 DM

3.1 Übertrage die Tabelle ins Heft und fülle sie aus.

alter Kontostand	Buchung	neuer Kontostand
a) 623 DM	−479 DM	
b) −438 DM	−149 DM	
c) 375 DM	−978 DM	
d) 705 DM		594 DM
e) 438 DM	−584 DM	

5 *Ganze Zahlen multiplizieren*

1

a) $6 \cdot 7 =$ ___
$6 \cdot (-7) =$ ___
$-6 \cdot 7 =$ ___
$-6 \cdot (-7) =$ ___

b) $-4 \cdot (-3) =$ ___
$-4 \cdot 3 =$ ___
$4 \cdot (-3) =$ ___
$4 \cdot 3 =$ ___

$7 \cdot 2 = 14$		$(+) \cdot (+) \rightarrow +$
$7 \cdot (-2) = -14$		$(+) \cdot (-) \rightarrow -$
$-7 \cdot 2 = -14$		$(-) \cdot (+) \rightarrow -$
$-7 \cdot (-2) = 14$		$(-) \cdot (-) \rightarrow +$

2 Fülle die Tabelle aus.

	$8 \cdot 14$	$(-9) \cdot (-12)$	$7 \cdot (-13)$	$(-6) \cdot 17$	$(-5) \cdot (-19)$
Vorzeichen der Faktoren	+, +				
Vorzeichen des Produktes	+				
Produkt					

$8 \cdot 4 = 32$
↑ ↑ ↑
Faktoren Produkt

3

a) $3 \cdot 15 =$ ______ b) $6 \cdot (-23) =$ ______ c) $-5 \cdot 14 =$ ______
d) $-7 \cdot (-45) =$ ______ e) $-5 \cdot 46 =$ ______ f) $9 \cdot (-53) =$ ______
g) $-8 \cdot 37 =$ ______ h) $-7 \cdot (-68) =$ ______ i) $0 \cdot (-55) =$ ______
j) $-9 \cdot (-18) =$ ______ k) $8 \cdot (-75) =$ ______ l) $-11 \cdot (-11) =$ ______
m) $8 \cdot 27 =$ ______ n) $-23 \cdot (0) =$ ______ o) $-20 \cdot 35 =$ ______

−700; −600; −477; −296; −230; −138; −70; 0; 0; 45; 121; 162; 216; 315; 476

✓ zu 3

4

·	9	−6	8	−10
5				
−7				
9				
−11				

5

·	12	−14	15	−20
12				
−15				
16				
−13				

−320; −240; −225; −224; −195; −180; −168; −156; −99; −90; −88; −63; −56; −54; −50; −30; 40; 42; 45; 66; 70; 72; 81; 110; 144; 180; 182; 192; 210; 240; 260; 300

✓ zu 4 und 5

1.1 a) $13 \cdot 8$ b) $12 \cdot (-7)$ c) $-11 \cdot 8$
d) $-12 \cdot (-7)$ e) $-24 \cdot 6$ f) $35 \cdot (-6)$
g) $21 \cdot (-9)$ h) $-50 \cdot (-9)$ i) $-84 \cdot 4$

3.1 a) $7 \cdot 49$ b) $6 \cdot 35$ c) $3 \cdot (-52)$
d) $-15 \cdot 54$ e) $-7 \cdot (-36)$ f) $-8 \cdot (+67)$
g) $7 \cdot (-65)$ h) $9 \cdot 86$ i) $-4 \cdot (-93)$
j) $-6 \cdot (-85)$ k) $-8 \cdot 55$ l) $4 \cdot (-78)$

4.1 Übertrage die Tabelle ins Heft und fülle sie aus.

·	12	−30	25	−40	−60	−(−11)
a) 11						
b) −15						
c) 30						
d) −50						
e) −22						
f) 40						

6 *Ganze Zahlen dividieren*

1

a) 15 : 5 = ___ b) 24 : 4 = ___

15 : (−5) = ___ −24 : 4 = ___

−15 : 5 = ___ 24 : (−4) = ___

−15 : (−5) = ___ −24 : (−4) = ___

12 : 3	= 4	(+) : (+) → +
12 : (−3)	= 4	(+) : (−) → −
−12 : 3	= −4	(−) : (+) → −
−12 : (−3)	= 4	(−) : (−) → +

−6; −6; −3; −3; 3; 3; 6; 6

zu 1

2 Fülle die Tabelle aus.

	48 : 6	−56 : (−4)	63 : (−7)	−36 : 6	−72 : (−9)
Vorzeichen von Dividend u. Divisor	+, +				
Vorzeichen des Quotienten	+				
Quotient					

18 : 6 = 3
↑ ↑ ↑
Dividend Divisor Quotient

3

a) 240 : 8 = ______ b) −400 : 50 = ______ c) 420 : (−6) = ______

d) −510 : (−3) = ______ e) 540 : (−9) = ______ f) −320 : 4 = ______

g) −640 : 40 = ______ h) −720 : (−30) = ______ i) −900 : 60 = ______

j) −750 : (−5) = ______ k) 910 : (−7) = ______ l) −960 : (−8) = ______

m) 840 : (−60) = ______ n) 0 : (−8) = ______ o) 0 : 5 = ______

−130; −80; −70; −60; −16; −15; −14; −8; 0; 0; 24; 30; 120; 150; 170

zu 3

4

:	2	−3	6	−4
12				
−36				
60				
−48				

5

:	30	−20	50	−60
300				
−900				
1 200				
−1 500				

−60; −50; −30; −30; −24; −20; −20; −18; −18; −15; −8; −6; −5; −4; −3; 2; 6; 6; 9; 10; 10; 12; 12; 15; 16; 24; 25; 30; 40; 45; 75

zu 4 und 5

1.1 Berechne.
a) 32 : 4 b) 32 : (−4)
c) −32 : 8 d) −32 : (−8) e) −64 : 8
f) 50 : (−10) g) −49 : (+7) h) −45 : 9

3.1 Berechne.
a) 360 : 20 b) −520 : 40
c) 450 : (−30) d) −780 : (−60) e) −840 : (−6)
f) 910 : 7 g) −600 : 4 h) −650 : (−5)
i) 0 : 80 j) 0 : (−10) k) −510 : 3

4.1 Übertrage die Tabelle ins Heft und fülle sie aus.

:	2	−5	−4	10	−20
a) 20					
b) −100					
c) 400					
d) −160					
e) −200					
f) −300					

DIPLOM

1	Vergleiche. Setze <, > oder = ein. 7 ____ 5 −3 ____ 2	Vergleiche. Setze <, > oder = ein. −20 ____ 5 −5 ____ −20	Vergleiche. Setze <, > oder = ein. −21 ____ −12 −17 ____ 7
2	Vergleiche. Setze <, > oder = ein. 8 °C ____ −9 °C −15 °C ____ 0 °C	Vergleiche. Setze <, > oder = ein. −5 °C ____ 2 °C −5 °C ____ −12 °C	Vergleiche. Setze <, > oder = ein. −7 °C ____ −17 °C −120 DM ____ −50 DM
3	5 + 7 = ____ −15 + 7 = ____	−12 + 8 = ____ −12 + (−4) = ____	−21 + (−12) = ____ −21 + 12 = ____
4	3 − 6 = ____ −2 − 4 = ____	−13 − 31 = ____ −13 − (−31) = ____	−24 − (+42) = ____ −24 − (−42) = ____
5	4 · 5 = ____ −6 · 7 = ____	−5 · 8 = ____ −6 · (−7) = ____	−7 · (+9) = ____ −12 · (−7) = ____
6	18 : 6 = ____ −20 : 4 = ____	−21 : 3 = ____ 45 : (−9) = ____	910 : (−70) = ____ −840 : (−6) = ____
	Bronze:	Silber:	Gold:

8 Rationale Zahlen

1 Rationale Zahlen darstellen und vergleichen

1 Lies die auf der Zahlengerade markierten Zahlen ab. Notiere sie.

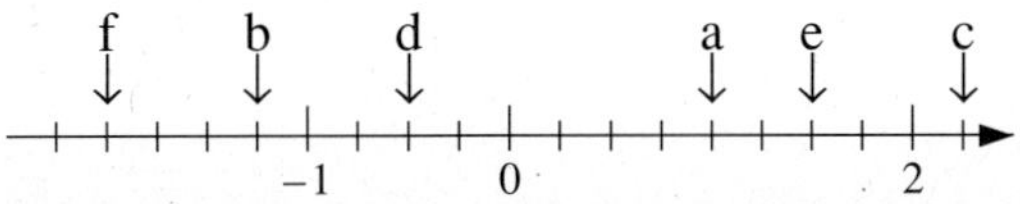

a) ______ b) ______ c) ______

d) ______ e) ______ f) ______

negative Zahlen — Null — positive Zahlen

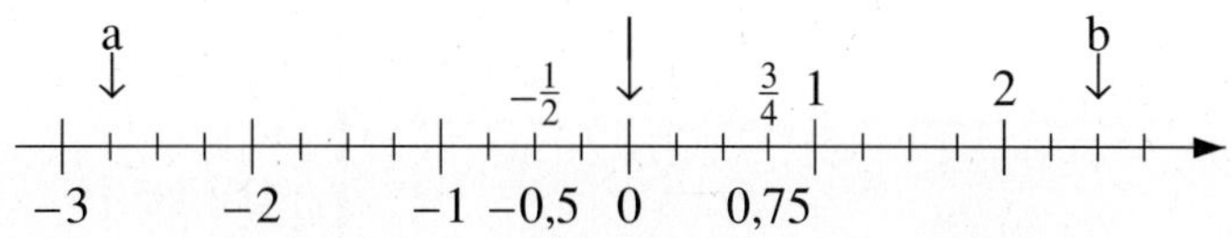

Markierte Zahlen: a) $-2\frac{3}{4} = -2{,}75$
b) $2\frac{1}{2} = 2{,}5$

Vergleich:
$-2{,}75 < 2{,}5$

$2 < 3$
$-2 < -3$

2 Markiere auf der Zahlengerade. a) −1,6 b) 1,4 c) −0,9
d) 0,7 e) −1,3 f) −0,2 g) −0,7 h) 1,9 i) −1,9

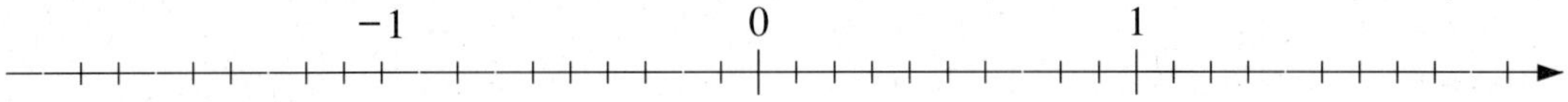

3 Markiere auf der Zahlengerade. a) $1\frac{1}{3}$ b) $-\frac{2}{3}$ c) $\frac{2}{3}$
d) $-2\frac{1}{3}$ e) $\frac{1}{3}$ f) $-1\frac{2}{3}$ g) $-\frac{4}{3}$ h) $2\frac{2}{3}$ i) $-3\frac{1}{3}$

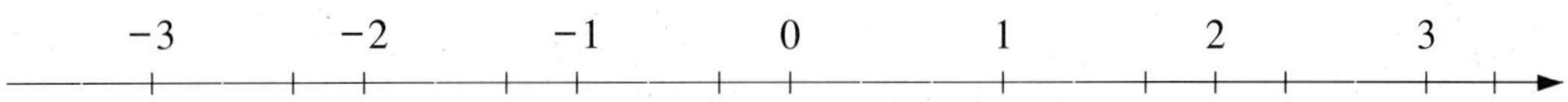

4 Vergleiche die Kontostände. Setze passend <, > oder = ein.

a) 13,65 DM __ −312,42 DM b) −21,97 DM __ −98,05 DM c) −18,53 DM __ −18,35 DM

d) −78,34 DM __ 49,56 DM e) −68,78 DM __ −69,03 DM e) −173,50 DM __ 5,33 DM

5 Vergleiche die Temperaturen. Setze passend <, > oder = ein.

a) 4,5 °C ____ −14,5 °C b) −4,5 °C ____ −14,5 °C c) 17,3 °C ____ −3,6 °C

d) −9,8 °C ____ 8,9 °C e) 1,2 °C ____ −12,1 °C f) −9,0 °C ____ −9,0 °C

6 Schreibe die niedrigere Temperatur.

a) 1,6 °C oder 4,2 °C? __________

b) −7,8 °C oder −21,3 °C? __________

7 Schreibe die höhere Temperatur.

a) −5,8 °C oder 13,4 °C? __________

b) −15,7 °C oder −14,9 °C? __________

4,5; −4,5; 8,9; 1,2; −4,2; −13,4; −21,3; −14,9

zu 5 und 6

8 Ordne die Kontostände nach der Größe.

a) 25,70 DM; −51,45 DM; −86,85 DM ____________________

b) −279,81 DM; 197,18 DM; −297,43 DM ____________________

4.1 Vergleiche. Setze passend < oder > ein.
a) 3,2 ■ 2,3 b) 1,6 ■ 2,9 c) −4,5 ■ −5,4
d) 4,9 ■ −9,4 e) −6,3 ■ −3,6 f) 7,1 ■ −8,4
g) −1,6 ■ −6,1 h) −7,5 ■ 5,7

4.2 Vergleiche die Kontostände. Setze passend < oder > ein.
a) 43,57 DM ■ 72,90 DM b) 34,80 DM ■ −50,32 DM
c) −21,58 DM ■ −12,00 DM d) −60,39 DM ■ 29,67 DM

4.3 Vergleiche. Setze passend < oder > ein.
a) $1\frac{1}{2}$ ■ $\frac{1}{2}$ b) $1\frac{1}{2}$ ■ $2\frac{1}{2}$ c) $-1\frac{1}{2}$ ■ $\frac{1}{2}$
d) $-1\frac{1}{2}$ ■ $-2\frac{1}{2}$ e) 0 ■ $-\frac{1}{2}$ f) $-2\frac{1}{2}$ ■ $\frac{1}{2}$

5.1 Vergleiche die Temperaturen Setze passend < oder > ein.
a) −7,5 °C ■ 5,7 °C b) 7,5 °C ■ −10,2 °C
c) −12,3 °C ■ −4,9 °C d) −6,4 °C ■ 4,6 °C

2 *Rationale Zahlen addieren und subtrahieren*

1

	$1{,}6 + (+3{,}5)$	$1{,}6 + (-2{,}3)$	$-1{,}1 - (+2{,}3)$	$\frac{3}{9} - (-\frac{4}{9})$
(1)	$= 1{,}6 + 3{,}5$	$= 1{,}6 - 2{,}3$	$= -1{,}1 - 2{,}3$	$= \frac{3}{9} + \frac{4}{9}$
(2)	$= 5{,}1$	$= -0{,}7$	$= -3{,}4$	$= \frac{7}{9}$

a) $6{,}9 + (-7{,}3)$ = ______ = ______
b) $6{,}9 - (-7{,}3)$ = ______ = ______

c) $-6{,}9 + (+7{,}3)$ = ______ = ______
d) $-6{,}9 + (-7{,}3)$ = ______ = ______
e) $-6{,}9 - (+7{,}3)$ = ______ = ______
f) $-6{,}9 - (-7{,}3)$ = ______ = ______

g) $\frac{1}{9} + (+\frac{4}{9})$ = ______ = ______
h) $\frac{1}{9} + (-\frac{4}{9})$ = ______ = ______
i) $-\frac{1}{9} - (+\frac{4}{9})$ = ______ = ______
j) $-\frac{1}{9} - (-\frac{4}{9})$ = ______ = ______

$-14{,}2; -14{,}2; -\frac{5}{9}; -0{,}4; -\frac{3}{9}; \frac{3}{9}; 0{,}4; 0{,}4; \frac{5}{9}; 14{,}2$

(1) Klammern auflösen
(2) Ausrechnen

$+ (+) \rightarrow +$
$+ (-) \rightarrow -$
$- (+) \rightarrow -$
$- (-) \rightarrow +$

zu 1

2 a) 4,7 °C + 9,1 °C = ______
b) −9,5 °C + 12,6 °C = ______
c) 3,8 °C − 7,2 °C = ______
d) −6,4 °C − 16,3 °C = ______
e) −8,2 °C + 2,7 °C = ______
f) −5,3 °C + 5,3 °C = ______

−5,5°; −3,4°; 0°; 3,1°; 13,8°; 22,7°

$\frac{2}{7} + \frac{3}{7} = \frac{5}{7}$

zu 2

3 a) 25 DM − 63 DM = ______
b) −52 DM + 75 DM = ______
c) −31 DM − 28 DM = ______
d) −64 DM − 49 DM = ______
e) 43 DM − 57 DM = ______
f) −25 DM − 18 DM = ______

−59; −38; −15; 23; 43; 100

zu 3

4

+	4,9	−6,8	2,6	−9,4
−3,2				
0,7				

5

+	$\frac{3}{11}$	$-\frac{8}{11}$	$\frac{5}{11}$	$-\frac{2}{11}$
$\frac{4}{11}$				
$-\frac{7}{11}$				

$-12{,}6; -10; -8{,}7; -6{,}1; -\frac{15}{11}; -\frac{9}{11}; -0{,}6; -0{,}36; -0{,}36; -0{,}18; -0{,}18; 0{,}63; 0{,}8; 1{,}7; 3{,}3; 5{,}6$

zu 4

1.1 a) 5,2 − 6,5 b) −4,5 + 5,1 c) 3,8 − 4
d) −6,3 − 7 e) 8,1 − 10 f) −3,5 − 5,3

2.1 a) 6,3 + 4,8 b) 8,2 − 9,5 c) −4,6 + 3,9
d) −3,6 + 6,8 e) −8,3 − 6,1 f) −4,6 − (−7,9)

3.1 a) −63 DM − 48 DM b) −75 DM − 59 DM
c) −43 DM + 17 DM d) −89 DM − (−91) DM
e) −47 DM + 74 DM f) 65 DM + (−56) DM

4.1 Übertrage die Tabelle ins Heft und fülle sie aus.

a)

+	2,7	−8,1	−0,9
6,3			
−5,2			

b)

−	9,1	−6,5	−0,7
3,4			
−8,5			

5.1 a) $\frac{3}{8} + \frac{2}{8}$ b) $-\frac{4}{7} - \frac{5}{7}$ c) $-\frac{1}{5} + \frac{4}{5}$
d) $-\frac{2}{9} - (-\frac{7}{9})$ e) $-\frac{4}{11} + (-\frac{5}{11})$ f) $\frac{1}{3} - (+\frac{2}{3})$

3 Rationale Zahlen multiplizieren

1

a) $0{,}5 \cdot 0{,}3 =$ ______

b) $0{,}5 \cdot (-0{,}3) =$ ______

c) $-0{,}5 \cdot (-0{,}3) =$ ______

d) $-0{,}5 \cdot 0{,}3 =$ ______

$0{,}5 \cdot 0{,}4 = 0{,}20$	$\frac{1}{2} \cdot \frac{2}{5} = \frac{2}{10} = \frac{1}{5}$
$0{,}5 \cdot (-0{,}4) = -0{,}20$	$\frac{1}{2} \cdot (-\frac{2}{5}) = -\frac{2}{10} = -\frac{1}{5}$
$-0{,}5 \cdot 0{,}4 = -0{,}20$	$-\frac{1}{2} \cdot \frac{2}{5} = -\frac{2}{10} = -\frac{1}{5}$
$-0{,}5 \cdot (-0{,}4) = +0{,}20$	$-\frac{3}{4} \cdot (-\frac{1}{5}) = +\frac{2}{10} = +\frac{1}{5}$

2 Fülle die Tabelle aus.

	$1{,}8 \cdot 0{,}4$	$-0{,}7 \cdot (-2{,}6)$	$0{,}8 \cdot (-3{,}4)$	$-5{,}9 \cdot 0{,}6$
Vorzeichen der Faktoren	+, +			
Vorzeichen des Produktes	+			
Produkt				

$(+) \cdot (+) \rightarrow +$
$(+) \cdot (-) \rightarrow -$
$(-) \cdot (+) \rightarrow -$
$(-) \cdot (-) \rightarrow +$

3

a) $4 \cdot 3{,}6 =$ ______ b) $-6 \cdot (-4{,}2) =$ ______ c) $0{,}7 \cdot (-8{,}1) =$ ______

d) $-5 \cdot 9{,}7 =$ ______ e) $0{,}8 \cdot (-6{,}9) =$ ______ f) $-5 \cdot (-5{,}8) =$ ______

−48,5; −5,67; −5,52; −0,15; −0,15; 0,15; 0,15; 14,4: 25,2; 29

✓ zu 1 und 3

4 Berechne. Kürze, wenn möglich.

a) $\frac{2}{3} \cdot \frac{5}{7} =$ ______ b) $-\frac{5}{9} \cdot (-\frac{1}{4}) =$ ______ c) $\frac{2}{5} \cdot (-\frac{3}{7}) =$ ______

d) $-\frac{1}{5} \cdot \frac{4}{9} =$ ______ e) $7 \cdot (-\frac{3}{4}) =$ ______ f) $-5 \cdot (-\frac{2}{3}) =$ ______

$-\frac{4}{21}; -\frac{6}{35}; -\frac{4}{45}; \frac{5}{36}; \frac{10}{21}; \frac{10}{3}$

$\frac{2}{3} \cdot \frac{4}{5} = \frac{2 \cdot 4}{3 \cdot 5} = \frac{8}{15}$

✓ zu 4

5

a) $1{,}2 \cdot 1{,}1 =$ ______ b) $-1{,}4 \cdot (-1{,}5) =$ ______ c) $1{,}6 \cdot (-1{,}3) =$ ______

d) $\frac{1}{2} \cdot (-4{,}6) =$ ______ e) $-\frac{1}{4} \cdot 1{,}2 =$ ______ f) $-\frac{1}{5} \cdot (-3{,}5) =$ ______

$-2{,}3; -2{,}08; -\frac{3}{10}; \frac{7}{10}; 1{,}32; 2{,}1$

✓ zu 5

6

·	0,6	−1,1	2,5	−3,4
1,2				
−2,4				

7

·	$\frac{1}{3}$	$-\frac{2}{5}$	$\frac{1}{3}$	$-\frac{3}{5}$
$\frac{1}{3}$				
$-\frac{2}{5}$				

$-6; -4{,}08; -1{,}44; -1{,}32; -\frac{4}{15}; -\frac{1}{5}; -\frac{2}{15}; -\frac{2}{15}; \frac{1}{9}; \frac{4}{25}; \frac{2}{9}; \frac{6}{25}; 0{,}72; 2{,}64; 3; 8{,}16$

✓ zu 6 und 7

1.1 a) $0{,}8 \cdot 0{,}7$ b) $-0{,}9 \cdot (-0{,}4)$ c) $-0{,}7 \cdot (-3)$
d) $0{,}6 \cdot (-0{,}5)$ e) $-0{,}3 \cdot 0{,}9$ f) $-0{,}7 \cdot (+0{,}2)$
g) $-0{,}3 \cdot (-0{,}9)$ h) $0{,}6 \cdot (-0{,}8)$ i) $-0{,}8 \cdot (-0{,}8)$

3.1 a) $4 \cdot (+3{,}8)$ b) $6 \cdot (-8{,}5)$ c) $3{,}1 \cdot (-4{,}7)$
d) $-9 \cdot 7{,}2$ e) $-6{,}3 \cdot (-6{,}7)$ f) $-7{,}1 \cdot 9{,}5$
g) $-8{,}4 \cdot (-5{,}4)$ h) $-9{,}6 \cdot 9{,}6$ i) $-6{,}2 \cdot (-8{,}3)$

4.1 a) $\frac{2}{5} \cdot \frac{3}{7}$ b) $\frac{3}{5} \cdot (-\frac{1}{2})$ c) $-\frac{2}{3} \cdot \frac{4}{7}$
d) $-\frac{4}{7} \cdot \frac{5}{9}$ e) $-\frac{4}{7} \cdot (-\frac{3}{5})$ f) $-\frac{7}{8} \cdot (-\frac{2}{3})$
g) $\frac{2}{3} \cdot (-\frac{1}{4})$ h) $-0{,}5 \cdot \frac{2}{7}$ i) $-0{,}2 \cdot (-\frac{3}{4})$
j) $-\frac{2}{5} \cdot (-\frac{5}{4})$ k) $-\frac{4}{3} \cdot (-\frac{9}{16})$ l) $\frac{8}{9} \cdot (-\frac{12}{16})$

4 Rationale Zahlen dividieren

1

a) $4{,}5 : 0{,}9 =$ ______

b) $-4{,}5 : 0{,}9 =$ ______

c) $4{,}5 : (-0{,}9) =$ ______

d) $-4{,}5 : (-0{,}9) =$ ______

$0{,}8 : 0{,}2 = 4$	$\frac{4}{5} : \frac{1}{5} = 4$
$0{,}8 : (-0{,}2) = -4$	$\frac{4}{5} : (-\frac{1}{5}) = -4$
$-0{,}8 : (0{,}2) = -4$	$-\frac{4}{5} : \frac{1}{5} = -4$
$-0{,}8 : (-0{,}2) = +4$	$-\frac{4}{5} : (-\frac{1}{5}) = +4$

2 Fülle die Tabelle aus.

	$7{,}2 : 0{,}6$	$-5{,}6 : (-0{,}4)$	$4{,}2 : (-0{,}3)$	$-6{,}5 : 0{,}5$
Vorzeichen von Divisor u. Dividend				
Vorzeichen des Quotienten				
Quotient				

$(+) : (+) \rightarrow +$
$(+) : (-) \rightarrow -$
$(-) : (+) \rightarrow -$
$(-) : (-) \rightarrow +$

3

a) $3{,}2 : 0{,}8 =$ ______ b) $-7{,}5 : 3 =$ ______ c) $-6{,}4 : (-0{,}4) =$ ______

d) $-8{,}4 : 0{,}6 =$ ______ e) $-9{,}2 : (-0{,}4) =$ ______ f) $-9{,}1 : 7 =$ ______

g) $-38{,}5 : 7 =$ ______ h) $-46{,}4 : 4 =$ ______ i) $-28{,}5 : 0{,}5 =$ ______

−57; −11,6; −5,5; −5; −5; −2,5; −1,4; −1,3; 1,6; 2,3; 4; 5; 5

$\frac{1}{3} : \frac{4}{5} = \frac{1}{3} \cdot \frac{5}{4} = \frac{5}{12}$

zu 1 – 3

4 Berechne und kürze wenn möglich.

a) $\frac{5}{7} : \frac{3}{4} =$ ______ b) $-\frac{5}{7} : \frac{3}{4} =$ ______ c) $\frac{5}{7} : (-\frac{3}{4}) =$ ______

d) $-\frac{5}{7} : (-\frac{3}{4}) =$ ______ e) $\frac{4}{5} : (-\frac{5}{6}) =$ ______ f) $-\frac{4}{11} : \frac{7}{9} =$ ______

g) $-\frac{3}{10} : \frac{5}{6} =$ ______ h) $-\frac{6}{7} : (-\frac{7}{9}) =$ ______ i) $\frac{10}{12} : \frac{5}{8} =$ ______

$-\frac{24}{25}; -\frac{20}{21}; -\frac{20}{21}; -\frac{36}{77}; -\frac{9}{25}; \frac{20}{21}; \frac{20}{21}; \frac{54}{49}; \frac{4}{3}$

zu 4

5

a) $4{,}8 : (-\frac{3}{5}) =$ ______ b) $-4{,}8 : \frac{3}{5} =$ ______ c) $-4{,}8 : (-\frac{3}{5}) =$ ______

d) $-3{,}2 : \frac{2}{3} =$ ______ e) $-1{,}8 : (-\frac{5}{6}) =$ ______ f) $2{,}7 : (-\frac{9}{2}) =$ ______

g) $-4{,}5 : (-\frac{5}{9}) =$ ______ h) $3{,}5 : (-\frac{10}{7}) =$ ______ i) $-2{,}4 : \frac{8}{15} =$ ______

$-8; -8; -\frac{24}{5}; -\frac{9}{2}; -\frac{49}{20}; -\frac{3}{5}; \frac{54}{25}; 8; \frac{81}{10}$

zu 5

1.1 a) $5{,}6 : 0{,}7$ b) $4{,}5 : (-0{,}9)$ c) $-2{,}8 : 0{,}7$
d) $-4{,}0 : 0{,}5$ e) $-4{,}2 : (-0{,}7)$ f) $-6{,}0 : 0{,}5$
g) $8{,}2 : (-0{,}2)$ h) $8{,}0 : (-0{,}5)$ i) $-9{,}6 : (-0{,}6)$
j) $-3{,}6 : (-0{,}3)$ k) $4{,}8 : 0{,}6$ l) $5{,}6 : (-0{,}7)$

3.1 a) $23{,}4 : 0{,}3$ b) $-16{,}5 : 0{,}5$ c) $1{,}68 : (-0{,}7)$
d) $21 : (-0{,}6)$ e) $-39{,}2 : (-0{,}7)$ f) $45{,}6 : (-0{,}8)$
g) $-39{,}6 : 6$ h) $46{,}2 : (-3)$ i) $-21{,}6 : (-4)$

4.1 a) $\frac{5}{6} : \frac{4}{7}$ b) $\frac{7}{9} : \frac{1}{4}$ c) $\frac{3}{8} : (-\frac{1}{2})$
d) $-\frac{3}{8} : \frac{2}{5}$ e) $-\frac{3}{10} : (-\frac{1}{3})$ f) $\frac{4}{9} : (-\frac{1}{2})$
g) $-\frac{1}{7} : (-\frac{5}{9})$ h) $\frac{8}{11} : (-\frac{7}{5})$ i) $-\frac{5}{8} : (-\frac{3}{4})$
j) $\frac{4}{9} : (-\frac{2}{3})$ k) $-\frac{5}{6} : \frac{3}{4}$ l) $\frac{9}{10} : (-\frac{3}{5})$

Finde achtmal zwei gleiche Puzzle-Teile

Sieh Dir die einzelnen Puzzle-Teile genau an. Immer zwei Teile sind gleich. Schreibe die Buchstaben, die auf gleichen Teilen stehen, unten in diefreien Felder. Die fettgedruckten Buchstaben ergeben das erste Lösungswort, die lichten Buchstaben ein zweites Lösungswort.

1 Koordinatensysteme

1

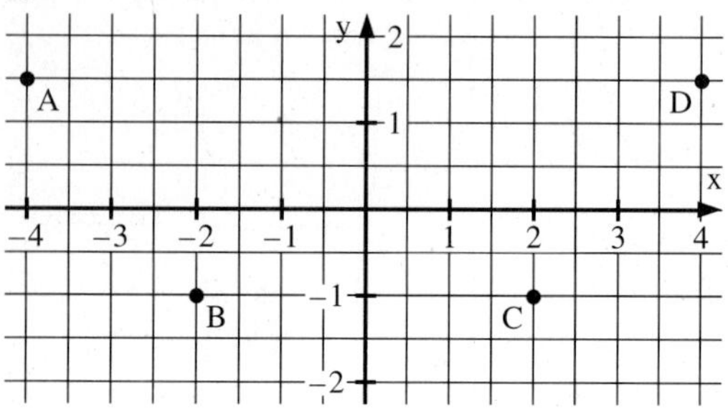

a) Notiere die Koordinaten der Punkte:

A(−4 |), B(

b) Zeichne die Punkte ein:
P(−4 | −2), Q(4 | −2), R($1\frac{1}{2}$ | 2), S(−$1\frac{1}{2}$ | 2).

Koordinatensystem

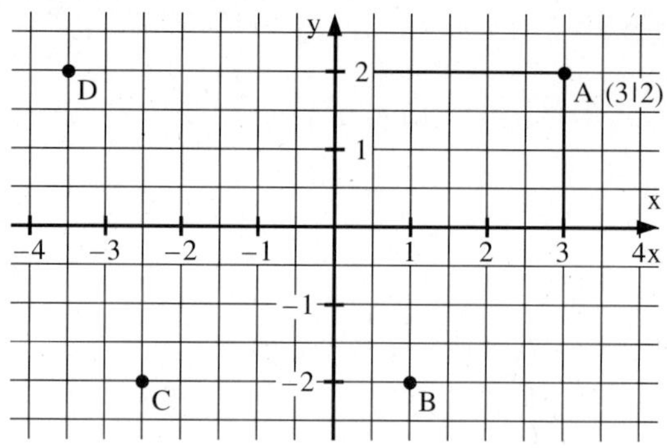

Koordinaten

A(3 | 2)

B(1 | −2)

C(−$2\frac{1}{2}$ | −$1\frac{1}{2}$)

D(−3,5 | 2)

2 Zeichne die Punkte ein und verbinde zu einem Fünfeck: A(0 | 2,5), B(−2,5 | 1), C(−1 | −1,5), D(1 | −1,5), E(2,5 | 1).

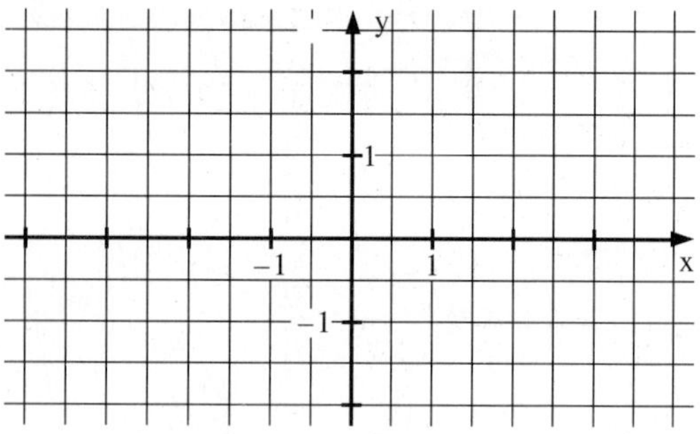

3 Zeichne die Punkte ein und verbinde sie fortlaufend: P(3 | 0), Q($\frac{1}{2}$ | 1), R(1 | $2\frac{1}{2}$), S(−1 | $2\frac{1}{2}$), T(−$\frac{1}{2}$ | 1), U(−3 | 0), V(0 | −$1\frac{1}{2}$).

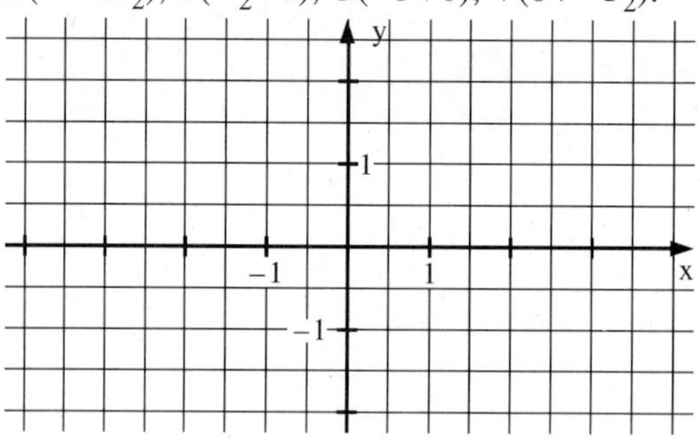

F(3 | −5)
↓ ↓
(x-Wert | y-Wert)

4 a) Zeichne das Rechteck ABCD.
Ergänze dazu den fehlenden Punkt.
b) Notiere die Koordinaten der Punkte.

A( ),

c) Zeichne das Quadrat KLMN.
Ergänze dazu die fehlenden Punkte.
b) Notiere die Koordinaten der Punkte.

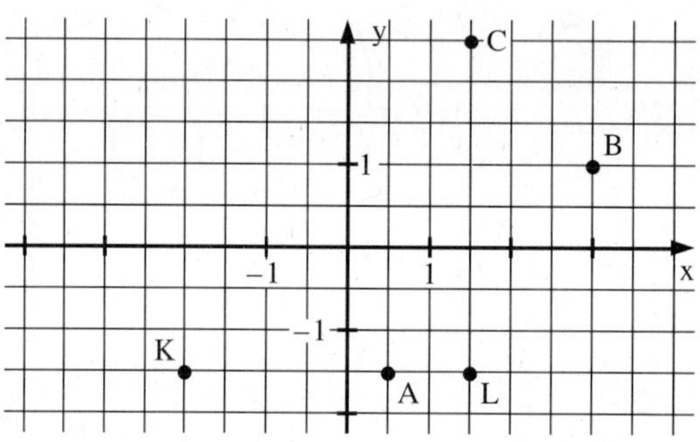

2.1 a) Zeichne ein Koordinatensystem.
b) Zeichne die Punkte ein und verbinde zu einem Fünfeck:
A(3 | 3), B(0 | 5), C(−3 | 3), D(−2 | −3), E(2 | −3).

2.2 a) Zeichne ein Koordinatensystem.
b) Zeichne die Punkte ein und verbinde zu einem Fünfeck:
A(0 | −4), B(4 | −$1\frac{1}{2}$), C($2\frac{1}{2}$ | 5), D(−$2\frac{1}{2}$ | 5), E(−4 | −$1\frac{1}{2}$).

3.1 Zeichne die Punkte ein und verbinde sie fortlaufend:
P(−$4\frac{1}{2}$ | −$1\frac{1}{2}$), Q(0 | −5), R($4\frac{1}{2}$ | −$1\frac{1}{2}$), S($4\frac{1}{2}$ | $1\frac{1}{2}$), T(0 | 5), U(−$4\frac{1}{2}$ | $1\frac{1}{2}$).

3.2 Zeichne die Punkte ein und verbinde sie fortlaufend:
K(6 | 5), L(−2 | 5), M(0 | 2,5), N(−2,5 | −5), O(6,5 | −5), P(4 | 2,5).

4.1 a) Zeichne die Punkte A(−$4\frac{1}{2}$ | −1), B(5 | −1), C(5 | 4) in ein Koordinatensystem.
b) Ergänze den fehlenden Punkt zu einem Rechteck.

4.2 a) Zeichne die Punkte B(7 | 3), C(2 | 8), D(−3 | 3) in ein Koordinatensystem.
b) Ergänze den fehlenden Punkt zu einem Quadrat.

2 Figuren verschieben

1 Verschiebe die Figur.

a)

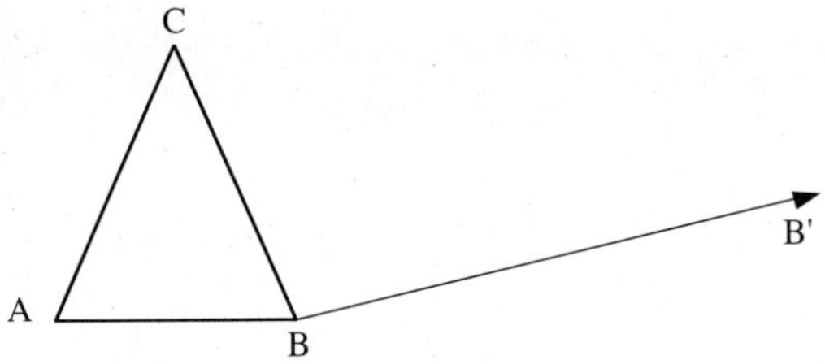

Verschiebung

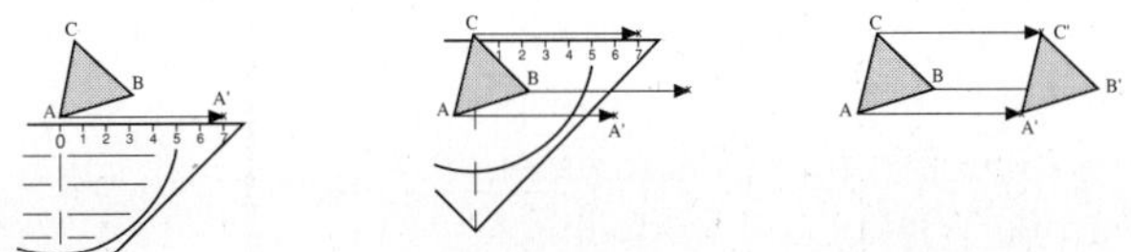

(1) Länge des Verschiebungspfeils messen.

(2) Durch alle Punkte Parallelen gleicher Länge zeichnen

(3) Bildpunkte kennzeichnen und Bildfigur zeichnen.

b)

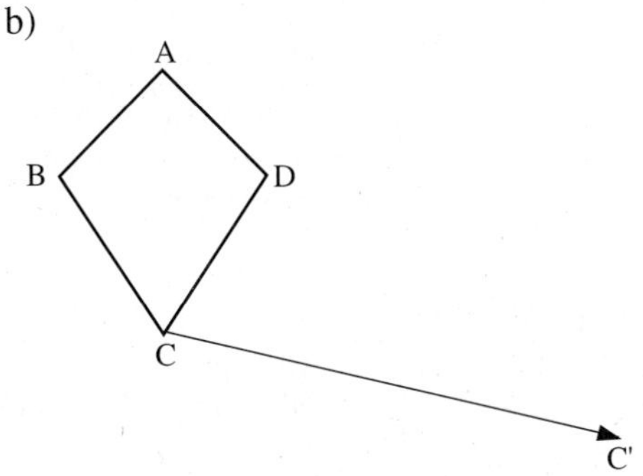

c)

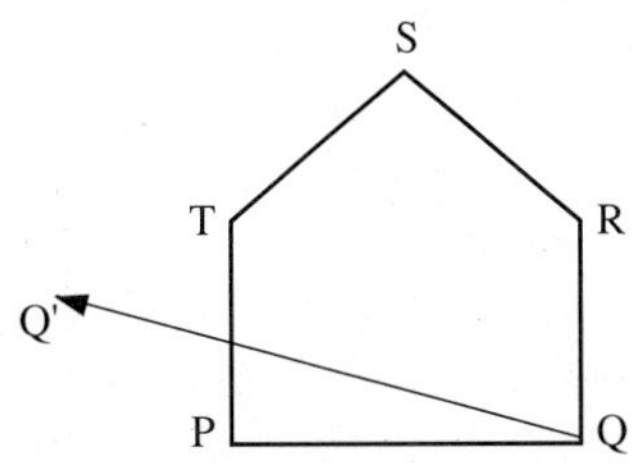

Bildpunkte werden mit ' gekennzeichnet.

A	A'
Originalpunkt	Bildpunkt von A

2 a) Zeichne das Quadrat mit $A(\frac{1}{2} \mid 1)$, $B(4 \mid 1)$, $C(4 \mid 4\frac{1}{2})$, $D(\frac{1}{2} \mid 4\frac{1}{2})$.
b) Verschiebe es so, daß der Bildpunkt A' die Koordinaten $(2\frac{1}{2} \mid \frac{1}{2})$ erhält.

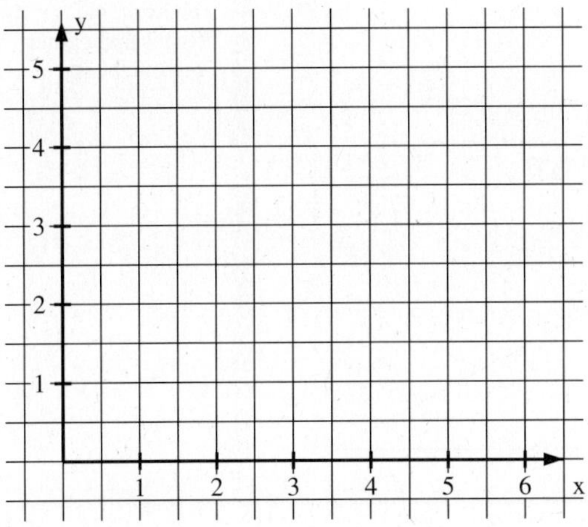

3 a) Zeichne die Figur mit $A(4\frac{1}{2} \mid 0)$, $B(6 \mid 1)$, $C(6 \mid 3)$, $D(4\frac{1}{2} \mid 4)$, $E(3 \mid 3)$, $F(3 \mid 1)$.
b) Verschiebe sie so, daß der Bildpunkt A' die Koordinaten $(2 \mid 1)$ erhält.

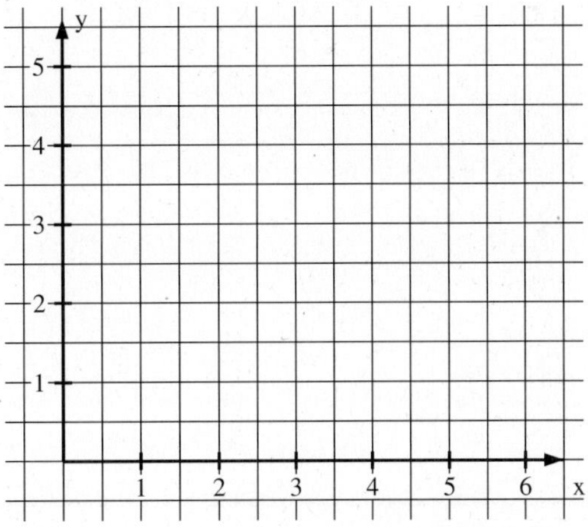

1.1 Zeichne die Figuren 1, 2 und 3 auf Karopapier und verschiebe sie wie vorgegeben.

2.1 a) Zeichne in ein Koordinatensystem das Quadrat mit $A(\frac{1}{2} \mid 2\frac{1}{2})$, $B(2\frac{1}{2} \mid \frac{1}{2})$, $C(4\frac{1}{2} \mid 2\frac{1}{2})$, $D(2\frac{1}{2} \mid 4\frac{1}{2})$.
b) Verschiebe das Quadrat so, daß der Bildpunkt B' die Koordinaten $(5 \mid \frac{1}{2})$ erhält.

4 Zeichne ein Muster, indem du die Figur 2 dreimal nacheinander verschiebst.

Fig. 1 Fig. 2 Fig. 3

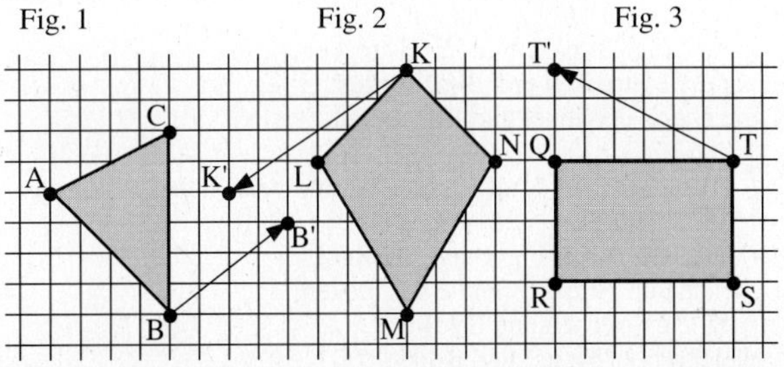

3 *Eigenschaften von Verschiebungen*

1 Überprüfe, ob eine Verschiebung vorliegt.
Markiere jeweils bei Figur und Bildfigur:
– gleichlange Strecken und Bildstrecken,
– parallele Strecken und Bildstrecken,
– gleichgroße Winkel und Bildwinkel.

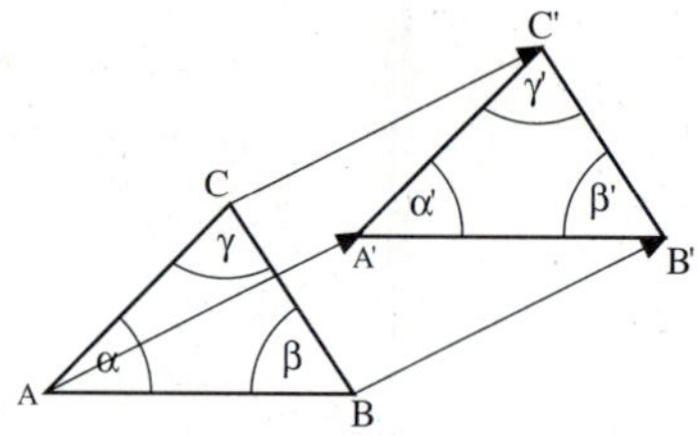

Eigenschaften von Verschiebungen

Strecke und Bildstrecke sind gleichlang, z. B.: $\overline{AB} = \overline{A'B'}$.

Strecke und Bildstrecke sind parallel, z. B.: $\overline{AC} \parallel \overline{A'C'}$.

Winkel und Bildwinkel sind gleichgroß, z. B.: $\alpha = \alpha'$.

a)

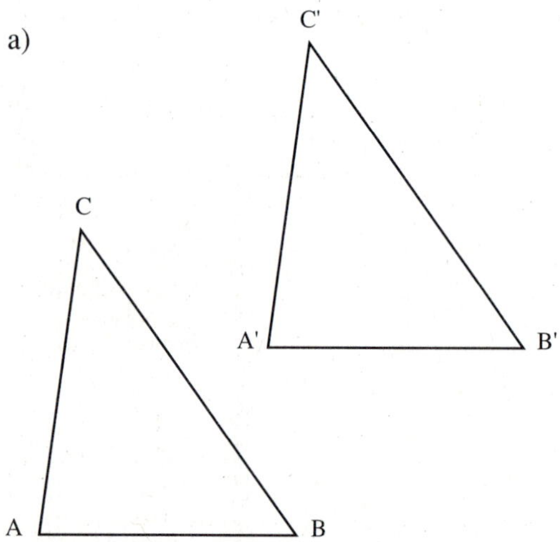

Liegt eine Verschiebung vor? Ja / Nein

b)

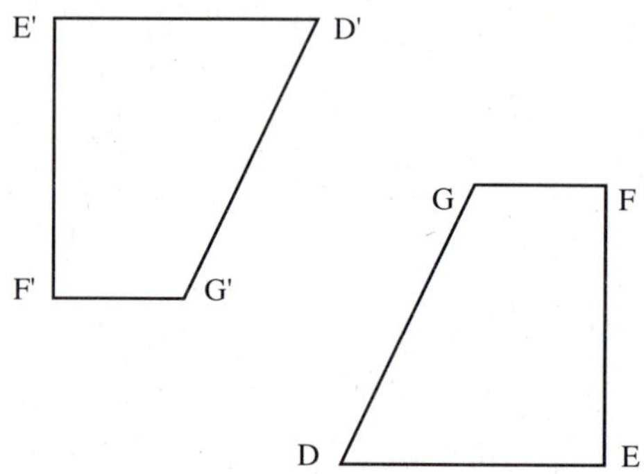

Liegt eine Verschiebung vor? Ja / Nein

Bei einer Verschiebung sind Figur und Bildfigur kongruent zueinander.

2 Verschiebe das Quadrat von A nach A'.
Zeichne das Quadrat.

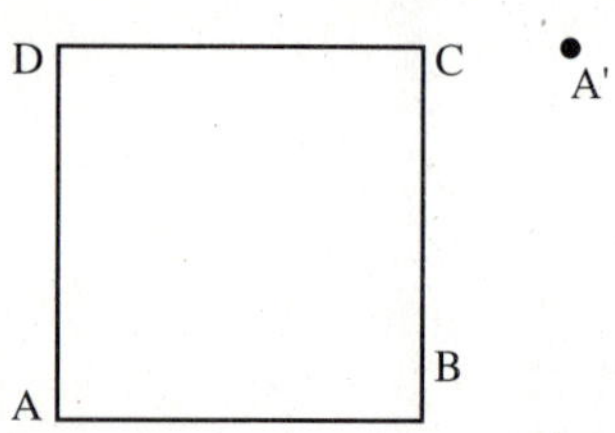

3 Verschiebe das Dreieck von B nach B'.
Zeichne das Dreieck.

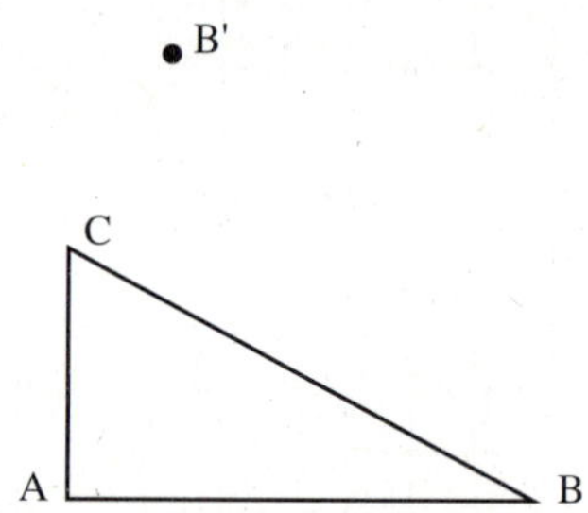

Denke an die Eigenschaften der Verschiebung.

1.1 Zeichne die Figuren 1 und 2 auf Karopapier und überprüfe, ob eine Verschiebung vorliegt (wie Aufgabe 1).
Markiere jeweils bei Figur und Bildfigur:
a) gleichlange Strecken und Bildstrecken,
b) parallele Strecken und Bildstrecken,
c) gleichgroße Winkel und Bildwinkel.

2.1 Zeichne Figur 3 auf Karopapier und verschiebe sie von M nach M'. Zeichne die Bildfigur.
Markiere jeweils bei Figur und Bildfigur:
a) gleichlange Strecken und Bildstrecken,
b) parallele Strecken und Bildstrecken,
c) gleichgroße Winkel und Bildwinkel.

Fig. 1 Fig. 2 Fig. 3

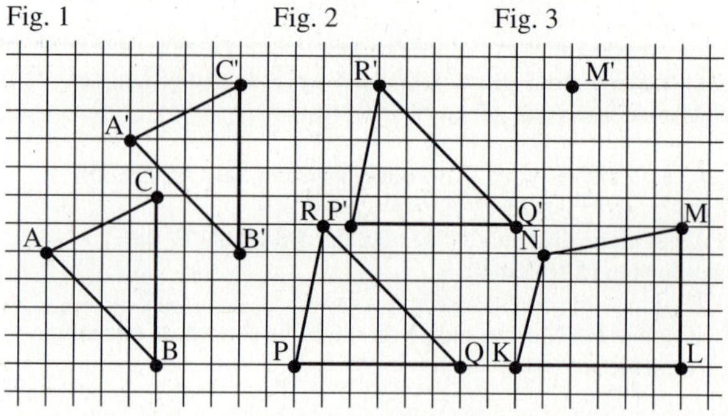

4 Figuren spiegeln

1 Spiegele die Figur an der Geraden a.

a)

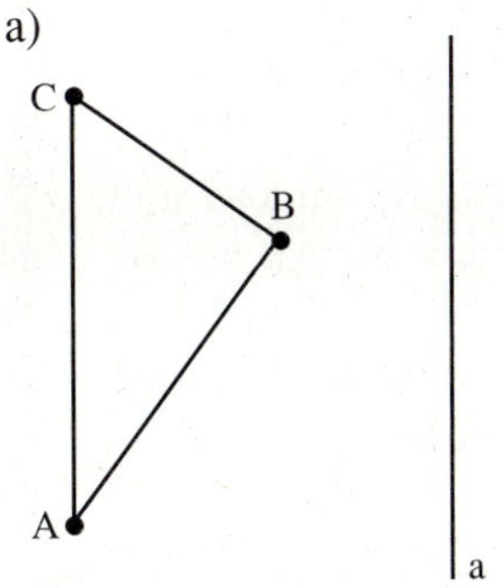

Achsenspiegelung

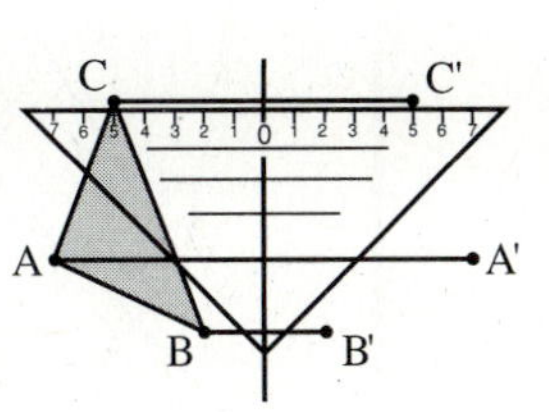

(1) Zeichne durch den Punkt C eine Senkrechte zur Spiegelachse a.

(2) Miß den Abstand des Punktes C von der Spiegelachse a.

(3) Trage diesen Abstand auf der anderen Seite der Achse ab. Du erhältst C'.

b)

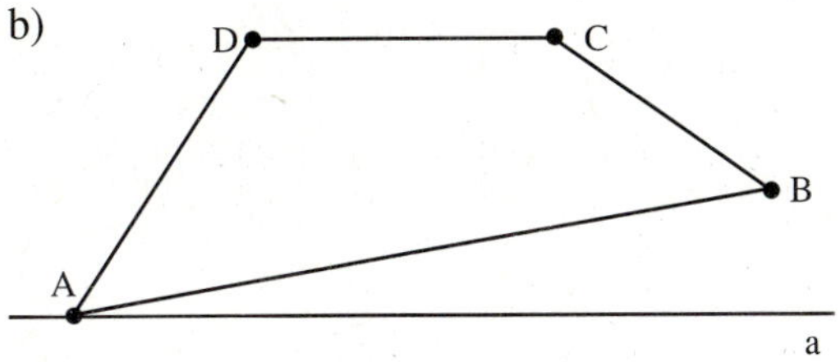

c)

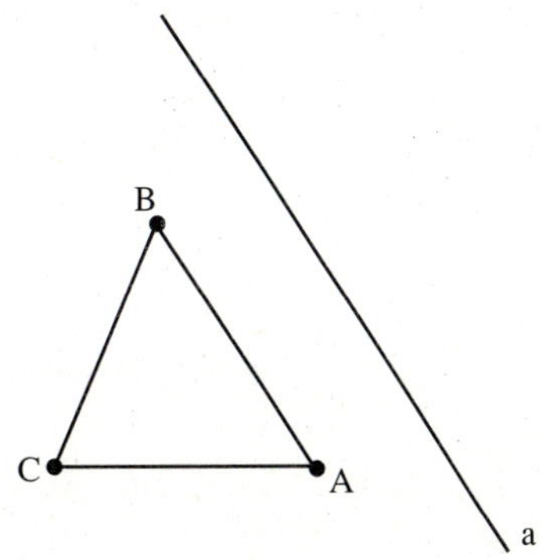

Punkt und Bildpunkt haben von der Spiegelachse den gleichen Abstand.

Punkt und Bildpunkt liegen auf einer Senkrechten zur Spiegelachse.

2 a) Zeichne das Dreieck mit $A(1 \mid \frac{1}{2})$, $B(6 \mid 2\frac{1}{2})$, $C(2 \mid 5)$.
b) Spiegele das Dreieck an der Geraden a.

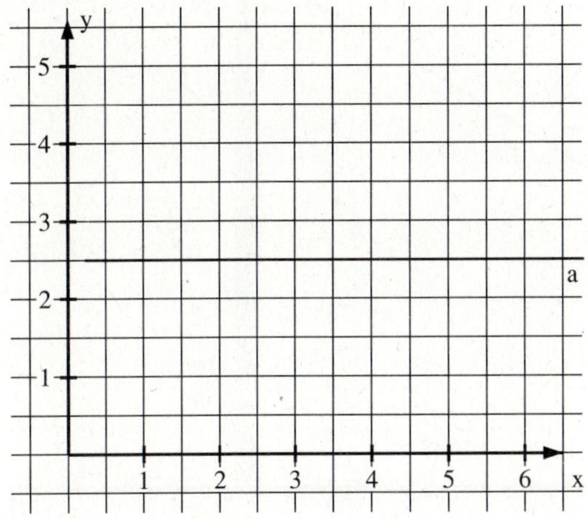

3 a) Zeichne das Viereck mit $A(1 \mid 2)$, $B(4 \mid \frac{1}{2})$, $C(6 \mid 3\frac{1}{2})$, $D(2\frac{1}{2} \mid 4\frac{1}{2})$.
b) Spiegele das Viereck an der Geraden a.

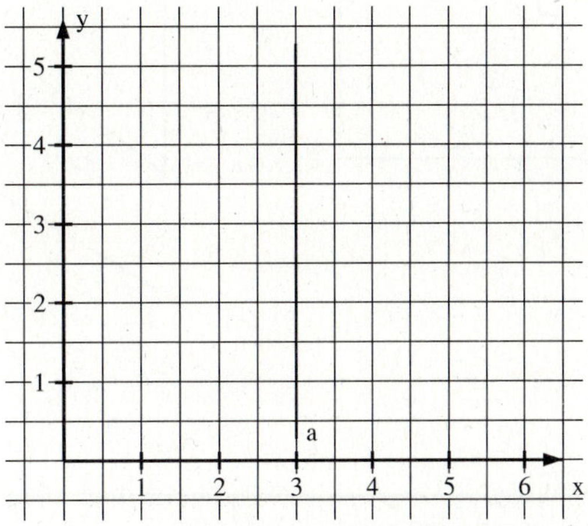

1.1 Zeichne die Figuren 1, 2 und 3 auf Karopapier und spiegele sie an der Geraden a.

3.1 a) Zeichne in ein Koordinatensystem durch die Punkte $(5\frac{1}{2} \mid 1)$ und $(5\frac{1}{2} \mid 10)$ eine Spiegelachse a.
b) Zeichne die Figur mit $A(6 \mid 5)$, $B(8 \mid 5)$, $C(8 \mid 2)$, $D(10 \mid 2)$, $E(10 \mid 9)$ und spiegele sie an a.
c) Notiere die Koordinaten der Bildpunkte.

Fig. 1 Fig. 2 Fig. 3

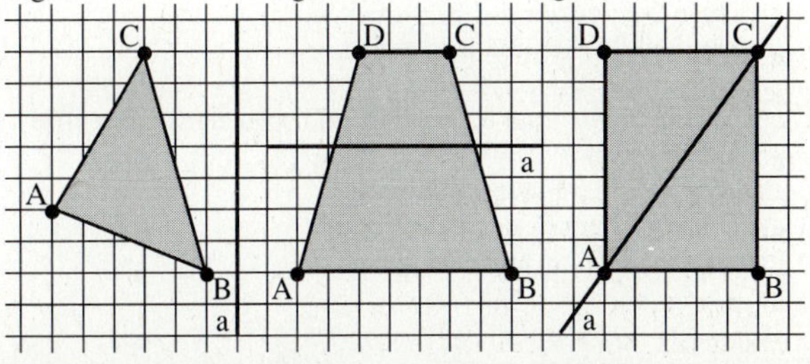

5 *Eigenschaften von Achsenspiegelungen*

1 Überprüfe, ob eine Achsenspiegelung vorliegt.
Markiere jeweils bei Figur und Bildfigur:
gleichlange Strecken und Bildstrecken,
gleichgroße Winkel und Bildwinkel.

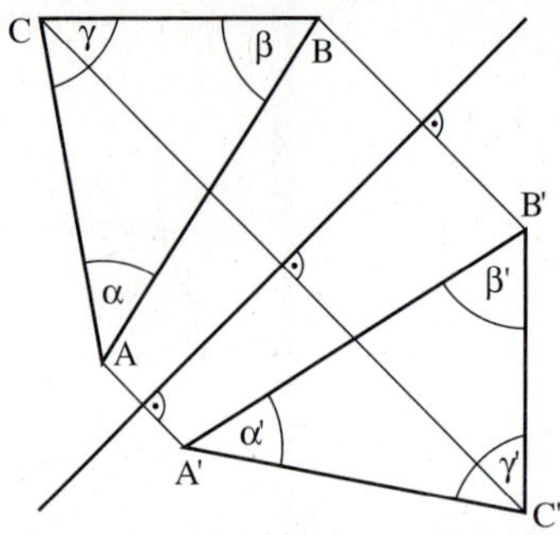

Eigenschaften von Achsenspiegelungen

Strecke und Bildstrecke sind gleichlang, z. B.: $\overline{AB} = \overline{A'B'}$

Winkel und Bildwinkel sind gleichgroß, z. B.: $\alpha = \alpha'$.

a)

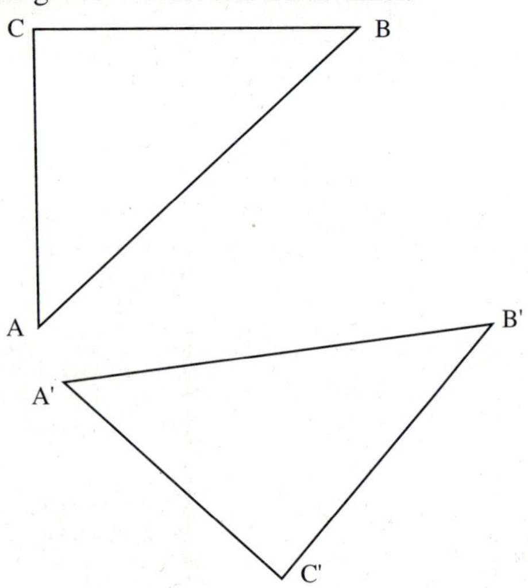

Liegt eine Achsenspiegelung vor? Ja / Nein

b)

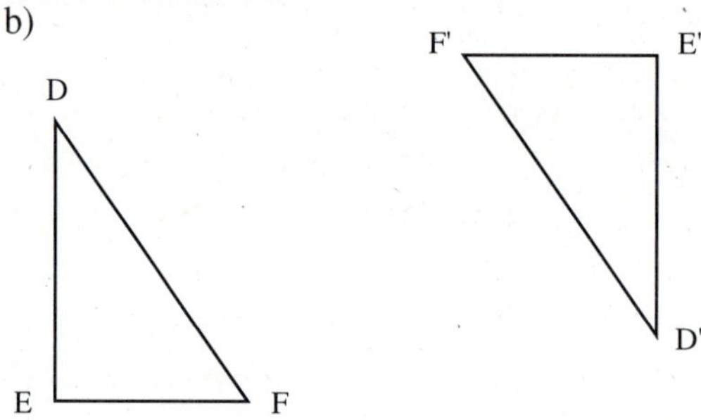

Liegt eine Achsenspiegelung vor? Ja / Nein

2 Spiegele das Rechteck.
Der Bildpunkt A' ist gegeben.

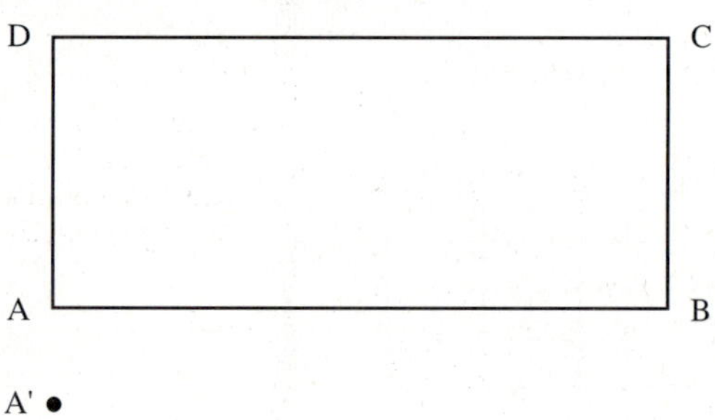

3 Spiegele das Dreieck.
Der Bildpunkt B' ist gegeben.

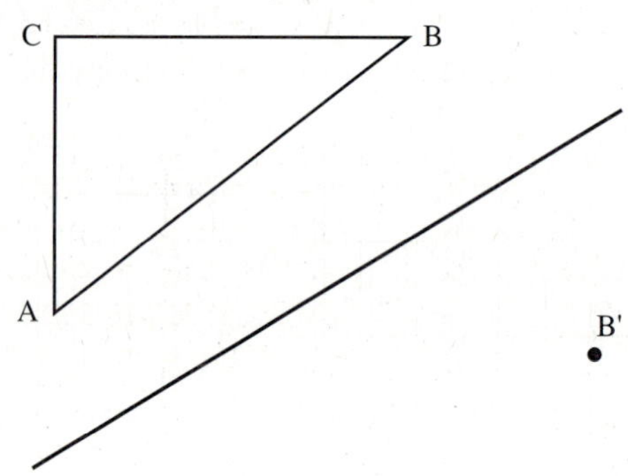

⚠ Bei einer Achsenspiegelung sind Figur und Bildfigur kongruent zueinander.

Denke an die Eigenschaften der Achsenspiegelung.

1.1 Zeichne die Figuren 1 und 2 auf Karopapier und überprüfe, ob eine Achsenspiegelung vorliegt.
Markiere jeweils bei Figur und Bildfigur:
a) gleichlange Strecken und Bildstrecken,
b) gleichgroße Winkel und Bildwinkel.

3.1 Zeichne Figur 3 auf Karopapier und spiegele sie. Der Bildpunkt A' ist gegeben.
Markiere jeweils bei Figur und Bildfigur:
a) gleichlange Strecken und Bildstrecken,
b) gleichgroße Winkel und Bildwinkel.

Fig. 1 Fig. 2 Fig. 3

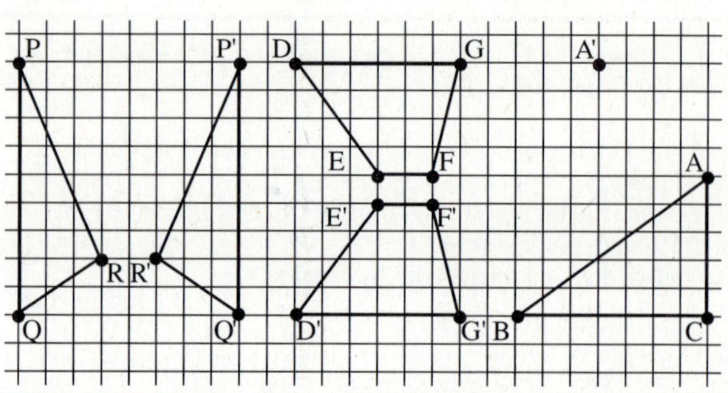

6 Figuren um 180° drehen

1 Drehe die Figur um 180°.

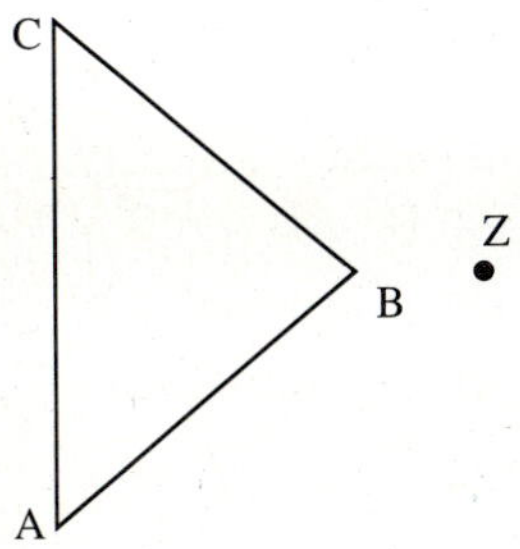

Figuren um 180° drehen (Halbdrehungen)

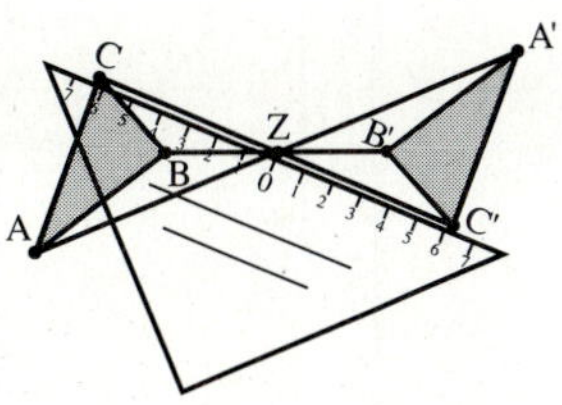

(1) Punkt C der Figur und das Drehzentrum Z durch eine gerade Linie verbinden.
(2) Die Strecke $\overline{CZ}$ messen.
(3) Die gerade Linie über Z hinaus um die gemessene Strecke verlängern. Man erhält C'.

2 Führe eine Halbdrehung aus.

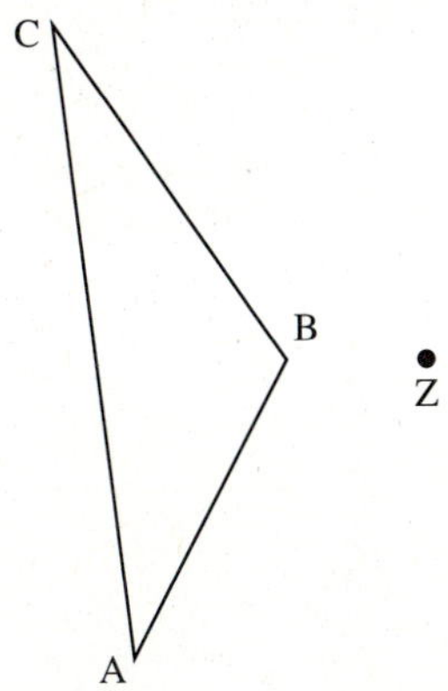

3 Führe eine Halbdrehung aus.

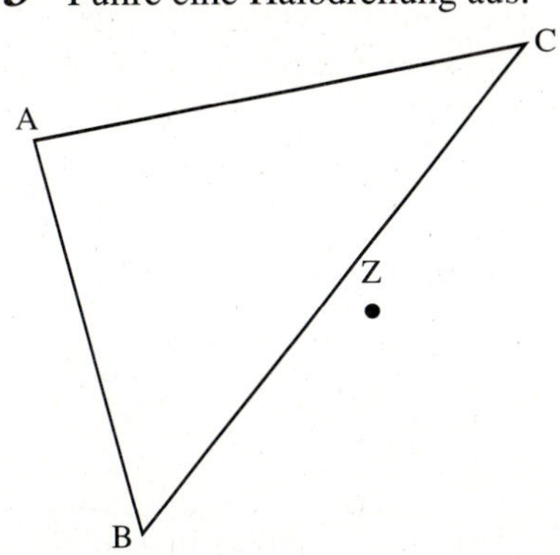

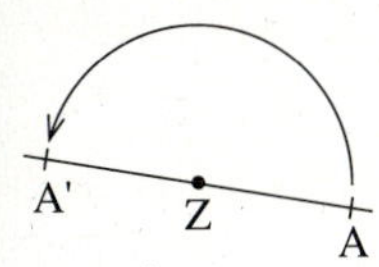

Halbdrehung: Drehwinkel 180°

Drehungen um 180° nennt man Punktspiegelung.

Die in Aufgabe 4 entstandenen Gesamtfiguren sind punktsymmetrisch.

4 Führe eine Halbdrehung um Z aus.

a)

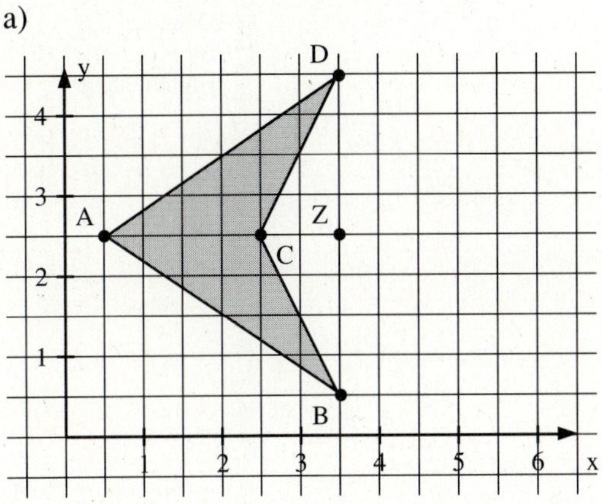

b)

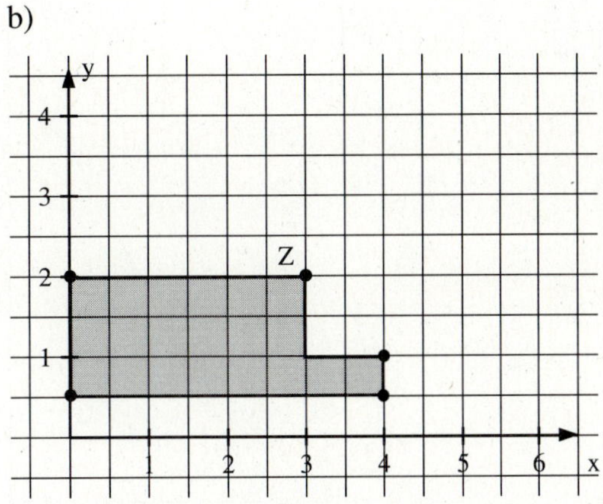

1.1 Zeichne die Figuren 1, 2 und 3 auf Karopapier und drehe sie um 180°.

2.1 a) Zeichne ein Koordinatensystem.
b) Zeichne das Quadrat mit A($\frac{1}{2}$ | 2$\frac{1}{2}$), B(2$\frac{1}{2}$ | $\frac{1}{2}$), C(4$\frac{1}{2}$ | 2$\frac{1}{2}$), D(2$\frac{1}{2}$ | 4$\frac{1}{2}$) und führe eine Halbdrehung um Z(5$\frac{1}{2}$ | 2$\frac{1}{2}$) aus.

3.1 Zeichne die Figur mit P(0 | 2), Q(2 | 0), R(5 | 3), S(3 | 3) in ein Koordinatensystem und führe eine Halbdrehung um R(5 | 3) aus.

4.1 a) Zeichne ein Koordinatensystem.
b) Zeichne das Viereck mit A(0 | 5), B(2 | 1), C(6 | 3), D(2 | 6) und führe eine Halbdrehung um Z(3 | 4) aus.

Fig. 1 Fig. 2 Fig. 3

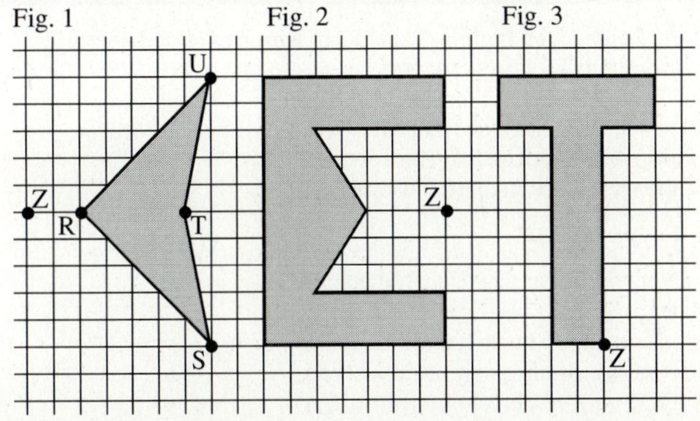

7 *Eigenschaften von Halbdrehungen*

1 Überprüfe, ob eine Halbdrehung vorliegt.
Markiere jeweils bei Figur und Bildfigur: gleichlange Strecken und Bildstrecken, parallele Strecken und Bildstrecken, gleichgroße Winkel und Bildwinkel.

a)

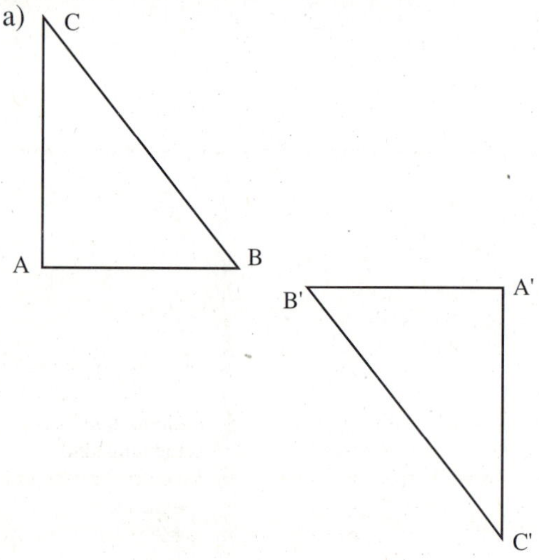

Liegt eine Halbdrehung vor? Ja / Nein

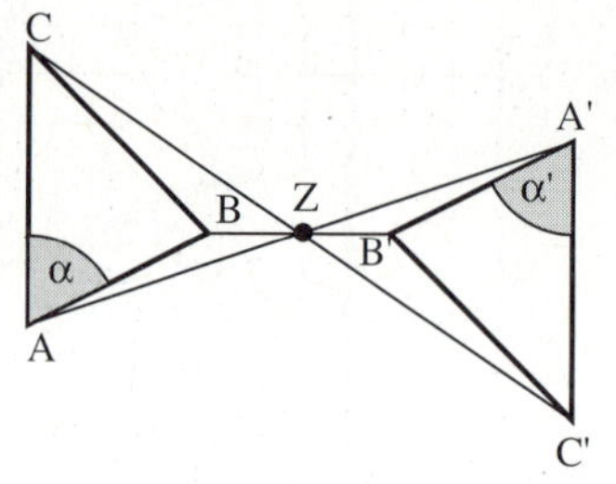

Eigenschaften von Halbdrehungen

Strecke und Bildstrecke sind gleichlang, z. B.: $\overline{AB} = \overline{A'B'}$.

Strecke und Bildstrecke sind parallel, z. B.: $\overline{AC} \parallel \overline{A'C'}$.

Winkel und Bildwinkel sind gleichgroß, z. B.: $\alpha = \alpha'$.

b)

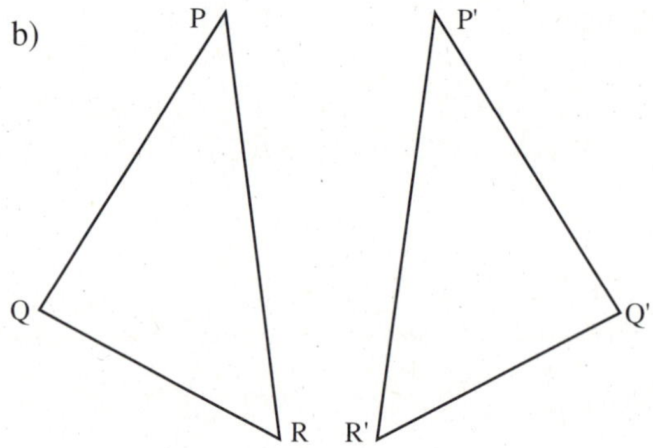

Liegt eine Halbdrehung vor? Ja / Nein

Bei einer Halbdrehung sind Figur und Bildfigur kongruent zueinander.

2 Führe eine Halbdrehung aus.
Die Bildpunkte A' und B' sind gegeben.

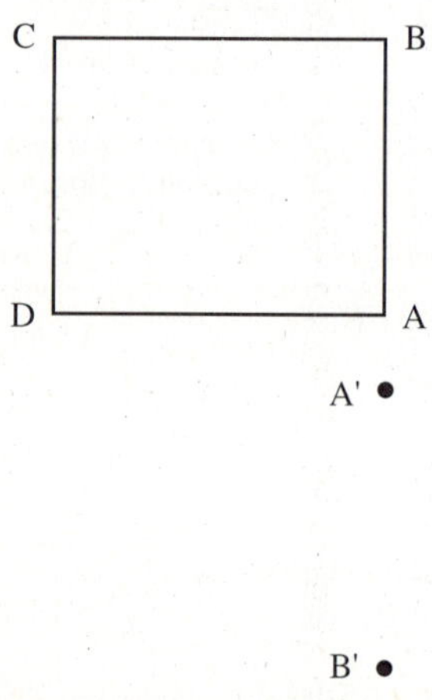

3 Führe eine Halbdrehung aus.
Der Bildpunkt A' ist gegeben.

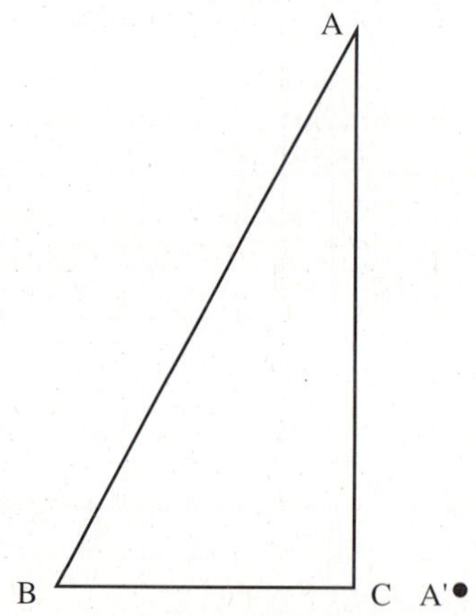

Denke an die Eigenschaften der Halbdrehung.

1.1 Zeichne die Figuren 1 und 2 auf Karopapier und überprüfe, ob eine Halbdrehung vorliegt.
Markiere jeweils bei Figur und Bildfigur:
a) gleichlange Strecken und Bildstrecken,
b) parallele Strecken und Bildstrecken,
c) gleichgroße Winkel und Bildwinkel.

2.1 Zeichne Figur 3 auf Karopapier und führe eine Halbdrehung der Figur aus. Der Bildpunkt A' ist gegeben.
Markiere jeweils bei Figur und Bildfigur:
a) gleichlange Strecken und Bildstrecken,
b) parallele Strecken und Bildstrecken,
c) gleichgroße Winkel und Bildwinkel.

Fig. 1 Fig. 2 Fig. 3

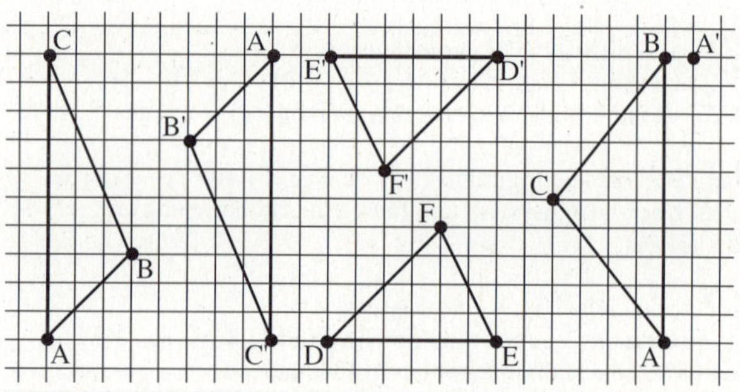

8 *Bunte Mischung*

1

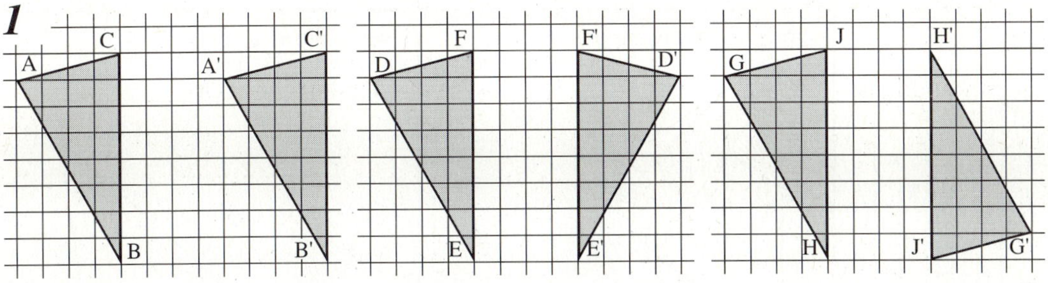

a) Welche Abbildung liegt vor?

____________________ ____________________ ____________________

b) Zeichne die Spiegelachse, das Drehzentrum oder die Verschiebungspfeile ein.

2 Suche immer zwei zueinander kongruente Figuren. Die Buchstaben dieser Figuren ergeben ein Lösungswort. Notiere.

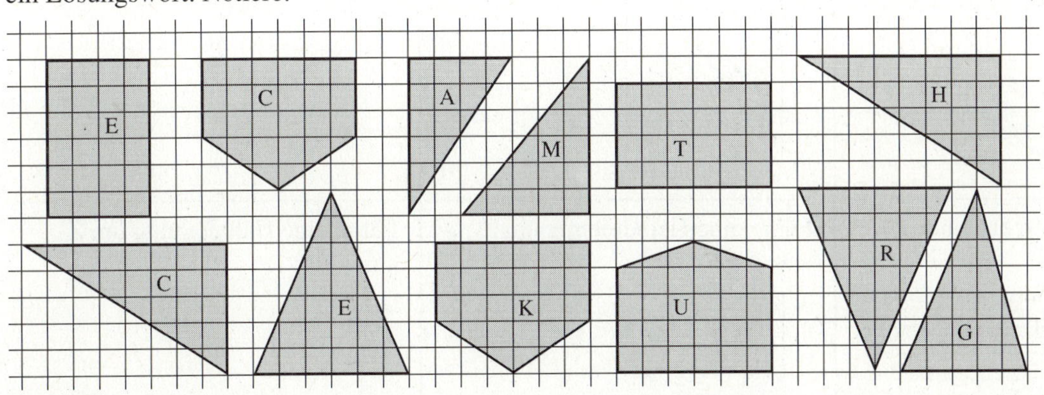

Kongruente Figuren: E und T ________________

Das Lösungswort: R _ _ _ _ _ _ _ _

3 Führe zuerst eine Achsenspiegelung, danach eine Verschiebung durch.

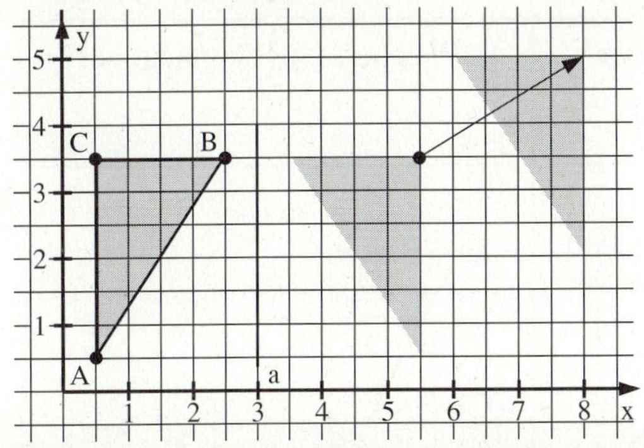

4 Verschiebe zuerst, führe dann eine Halbdrehung (Punktspiegelung) um Z aus.

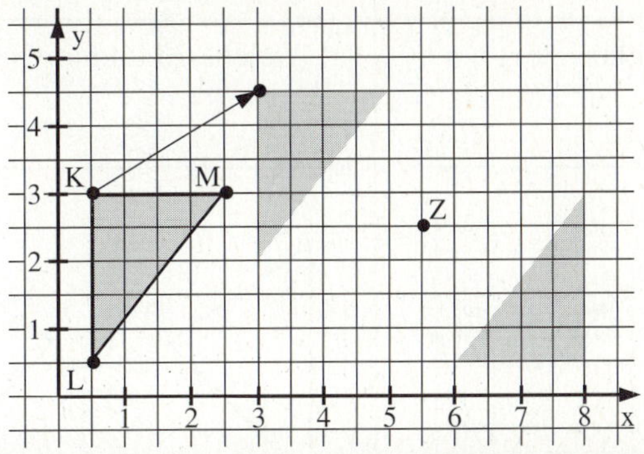

⚠ Bei einer Achsenspiegelung, Halbdrehung und Verschiebung sind Figur und Bildfigur zueinander kongruent.

⚠ Kongruente Figuren nennt man auch deckungsgleiche Figuren.

1.1 a) Zeichne die Figur 1 auf Karopapier und notiere, welche Abbildung vorliegt.
b) Zeichne die Spiegelachse, das Drehzentrum oder die Verschiebungspfeile ein.

3.1 a) Zeichne Figur 2 auf Karopapier.
b) Spiegele die Figur an der Spiegelachse a, verschiebe die Figur dann.

Fig. 1

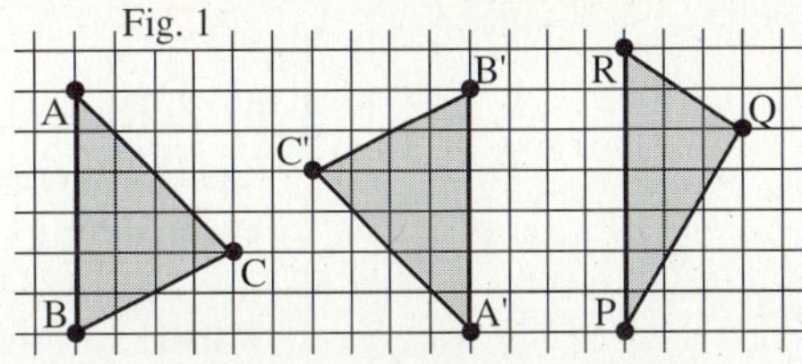

Fig. 2

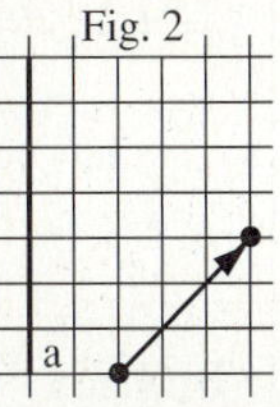

DIPLOM

1

Verschiebe die Figur.

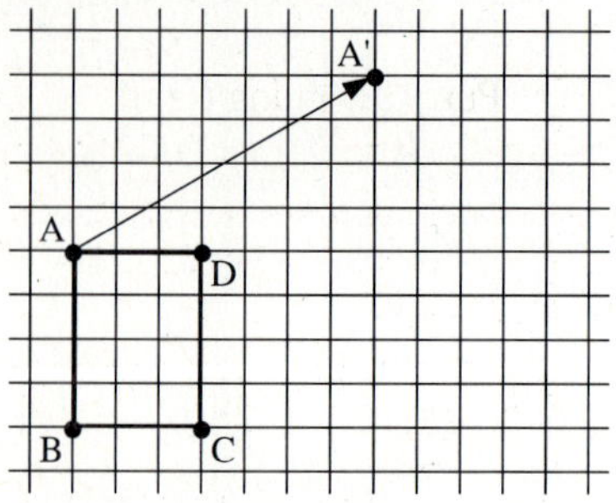

Verschiebe die Figur.

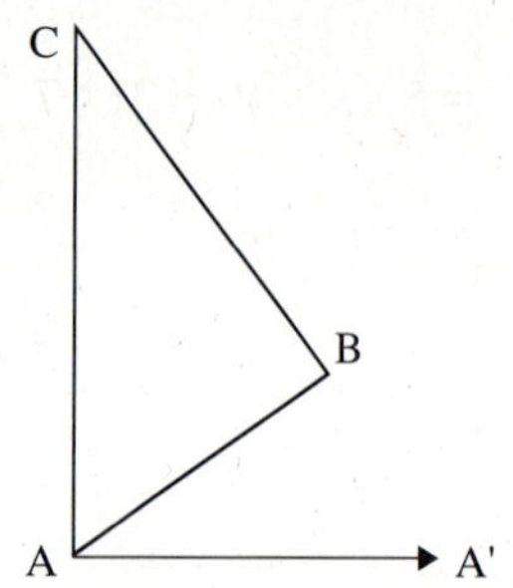

Verschiebe die Figur.

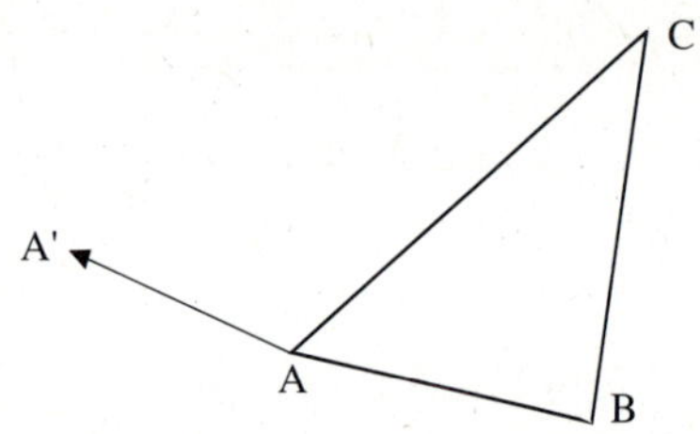

2

Spiegele die Figur an a.

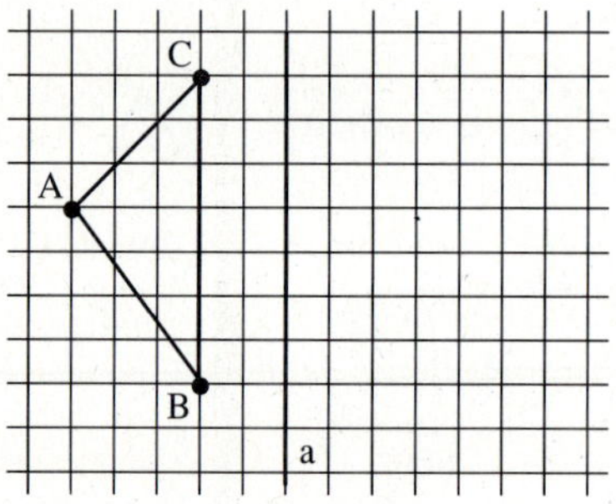

Spiegele die Figur an a.

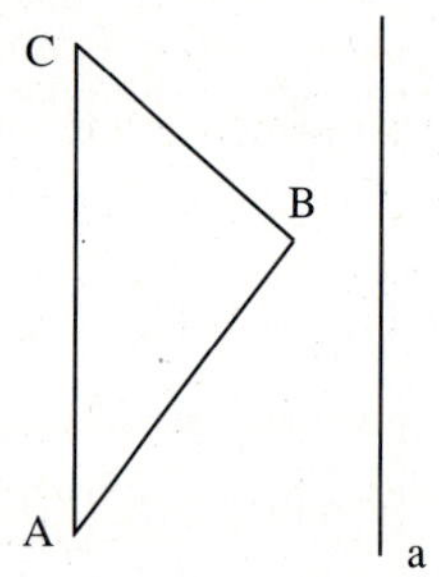

Spiegele die Figur an a.

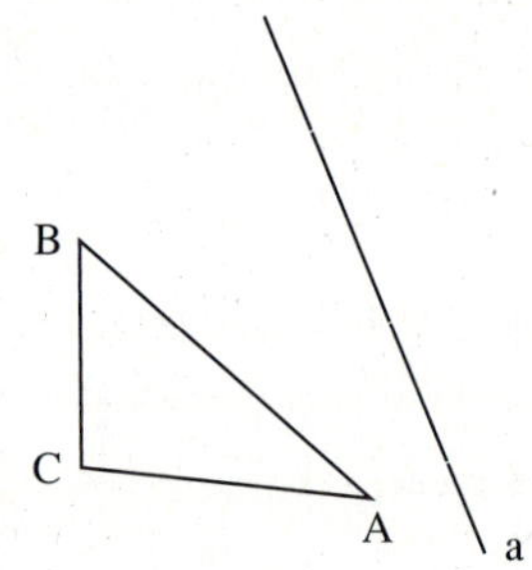

3

Führe eine Halbdrehung um Z aus.

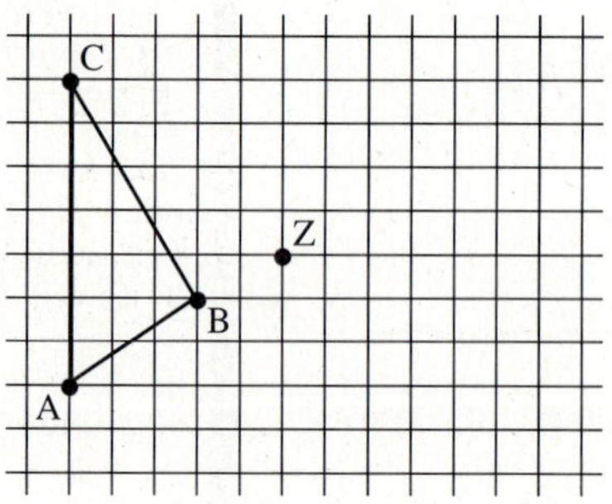

Führe eine Halbdrehung um Z aus.

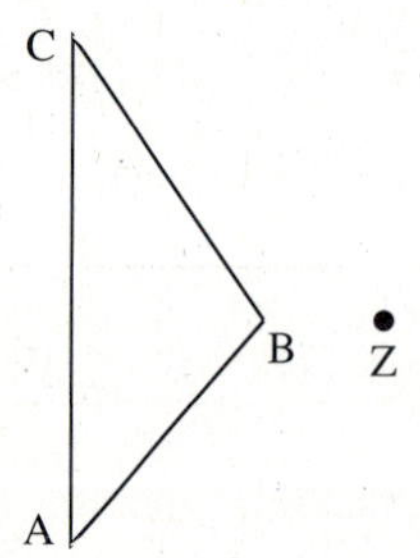

Führe eine Halbdrehung um Z aus.

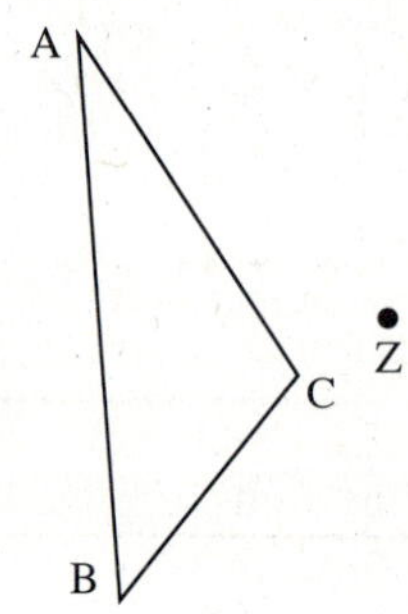

4

a) Welche Abbildung liegt vor?

____

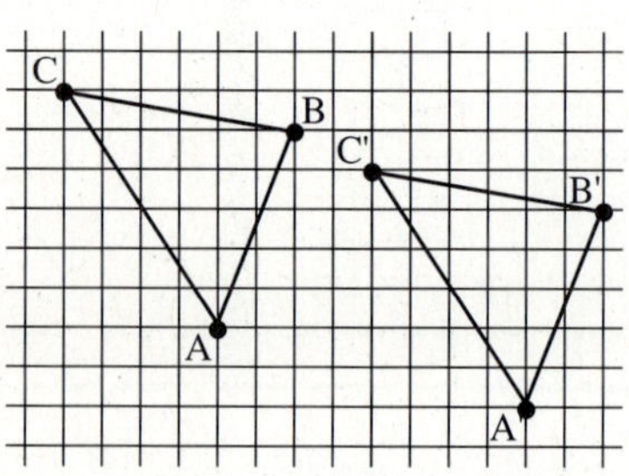

a) Welche Abbildung liegt vor?

____

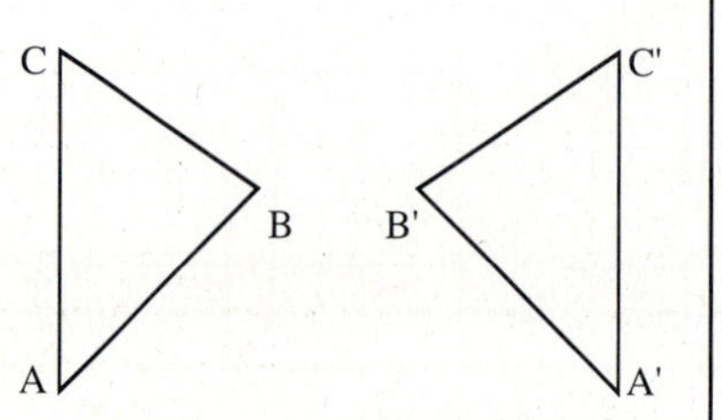

b) Zeichne die Spiegelachse, das Drehzentrum oder die Verschiebungspfeile ein.

a) Welche Abbildung liegt vor?

____

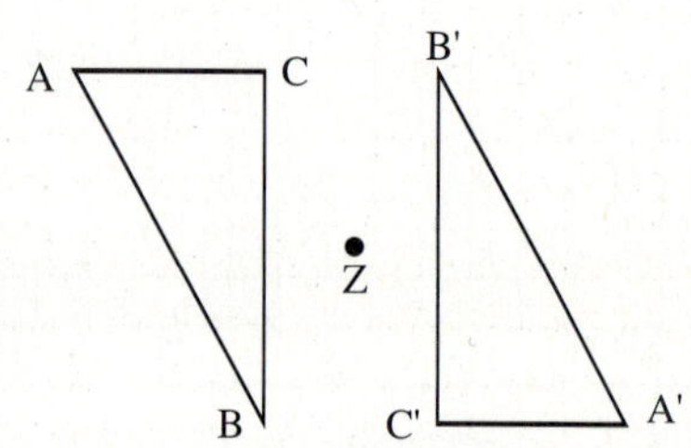

b) Zeichne die Spiegelachse, das Drehzentrum oder die Verschiebungspfeile ein.

Bronze:

Silber:

Gold:

10 Gleichungen – Ungleichungen

1 Terme berechnen

1 Berechne schrittweise.

a) $9 \cdot (23 - 6) - 54$

=

=

=

$5 \cdot (10 - 7) + 49 - 21 : 7$	Klammern zuerst berechnen
$= 5 \cdot 3 + 49 - 21 : 7$	Punktrechnung (·, :) vor Strichrechnung (+, −) sonst von links nach rechts
$= 15 + 49 - 3$	
$= 61$	

b) $187 - (25 + 125) : 30$

c) $10 \cdot 6 - (89 - 19) : 7 - 3 \cdot 5$

d) $(220 - 20) : 50 + 9 \cdot (15 + 37)$

e) $8 : (168 - 166) + (100 : 5) - 9 \cdot 2$

2 a) $(2 \cdot 7 + 20) \cdot 6 - 40 : 8 + 29$

b) $90 \cdot 7 - (120 - 50 : 2) \cdot 3 + 78$

⚠ Auch in der Klammer gilt: Punktrechnung vor Strichrechnung!

3 a) $(0{,}5 \cdot 20 - 2{,}5) \cdot 4$

b) $0{,}25 \cdot (30 - 10 \cdot 1{,}5)$

✓ zu 1 – 3

3,75; 6; 30; 35; 99; 182; 228; 423; 472

1.1 Berechne im Kopf.

a) $25 + 6 \cdot 5$ b) $30 : 6 + 13$ c) $4 \cdot 25 - 75$
d) $3 \cdot 12 + 4 \cdot 10$ e) $20 \cdot 8 - 240 : 5$ f) $500 : 50 + 12 \cdot 3$
g) $75 - 3 \cdot 8 + 2 \cdot 7$ h) $150 : 3 + 4 \cdot 5$ i) $12 \cdot 6 - 3 \cdot 4$

1.2 Berechne schriftlich.

a) $13 \cdot 12 - 2 + 3 \cdot 4$ b) $19 - 15 : 3 + 19 \cdot 3$ c) $270 : 15 - 2 \cdot 50 - 13$
d) $49 - 15 + 12 \cdot 6$ e) $5 \cdot 72 : 3 + 12$ f) $65 : 5 \cdot 9 - 4 + 86$
g) $12 + 196 - 16 \cdot 5$ h) $22 : 11 - 1 + 100$ i) $45 \cdot 15 - 5 : 5$

2.1 a) $(15 + 5) \cdot 7 + 5$ b) $15 + 5 \cdot 7 + 5$
c) $150 - (6 \cdot 3) + 6 \cdot 3$ d) $150 - 6 \cdot 3 + 6 \cdot 3$
e) $(150 - 6) \cdot (3 + 6) \cdot 3$ f) $(150 - 6) \cdot 3 + 6 \cdot 3$
g) $25 + 125 : 25 - 54 - 14$ h) $(25 + 125) : 25 - (54 - 14)$

3.1 a) $(5 \cdot 0{,}5 - 1{,}5) \cdot 2$ b) $0{,}5 \cdot (30 - 1{,}5 \cdot 2)$
c) $5 \cdot (4{,}9 - 1{,}9 \cdot 2) - 30 - 0{,}4$ d) $(5 \cdot 4{,}9 - 1{,}9) \cdot 2 - (30 - 0{,}4)$
e) $5 \cdot (4{,}9 - 1{,}9 \cdot 2) - 3{,}6 - 5$ f) $5 \cdot (4{,}9 - 1{,}9 \cdot 2 - 3{,}6 - 5)$

2 *Terme mit Variablen*

1 Beschreibe den Rand der Figur durch einen Term. Berechne den Term für a = 3 und b = 2.

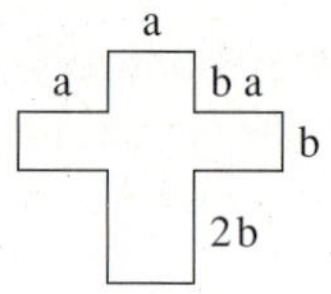

___

___

___

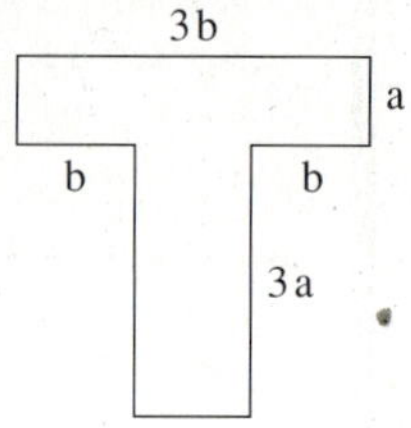

a und b heißen **Variablen.**

Term für den Umfang:
$3 \cdot b + a + b + 3 \cdot a + b + 3 \cdot a + b + a$

Für a = 2 und b = 3 erhält man:
$3 \cdot 3 + 2 + 3 + 3 \cdot 2 + 3 + 3 \cdot 2 + 3 + 2$
$= 34$

2 Ein Brot kostet k DM. 5 Brote kosten dann $5 \cdot k$ DM.

a) Schreibe den Term für 7 Brote auf. ___

b) Berechne den Term für k = 2,99 DM. ___

3 Schreibe mit der Variablen x.

a) Das Zweifache einer Zahl vermehrt um 7. Berechne für x = 5. $2 \cdot x + 7$ $2 \cdot 5 + 7 = 17$

b) Das Siebenfache einer Zahl vermindert um 2. Berechne für x = 2,3. ___

c) Das Doppelte einer Zahl vermehrt um das Dreifache einer Zahl. Berechne für $x = \frac{1}{5}$. ___

d) 19 vermindert um das Achtfache einer Zahl. Berechne für x = 0,03. ___

4 Eine Platte Zuckerkuchen kostet z DM, eine Platte Bienenstich b DM und eine Platte Mandelkuchen m DM. Wieviel DM kostet ein Einkauf von 4 Platten Zuckerkuchen, 2 Platten Bienenstich und 1 Platte Mandelkuchen? Schreibe den Term und berechne für z = 2,35 DM, b = 3,40 DM und m = 4,40 DM.

$4 \cdot z +$ ___

___

✓ zu 2 – 4

1; 14,1; 17; 18,76; 20,60; 20,93

1.1 Beschreibe die Gesamtlänge der geraden Linien von Fig. 1 durch einen Term. Berechne die Gesamtlänge für a = 8 cm, b = 10 cm und c = 3 cm.

1.2 Beschreibe den Flächeninhalt von Fig. 2 durch einen Term. Berechne den Flächeninhalt für a = 5 cm, b = 2 cm, c = 4 cm, d = 3 cm.

2.1 Eine Platte Zuckerkuchen kostet z DM, eine Platte Bienenstich b DM und eine Platte Mandelkuchen m DM. Wieviel DM kostet der Einkauf von 7 Platten Zuckerkuchen, 9 Platten Bienenstich und 6 Platten Mandelkuchen? Schreibe den Term und berechne.

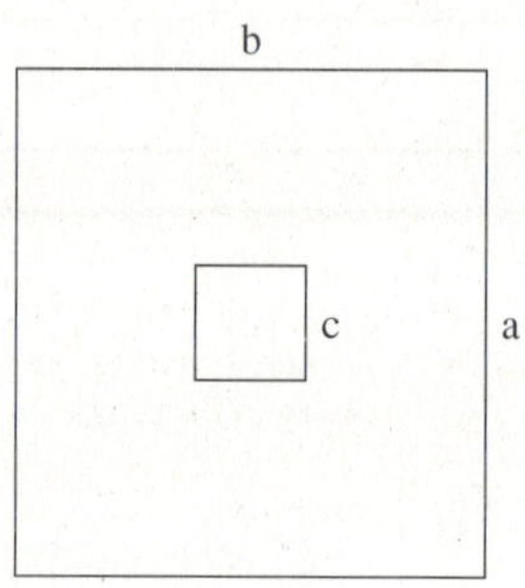

Fig. 1

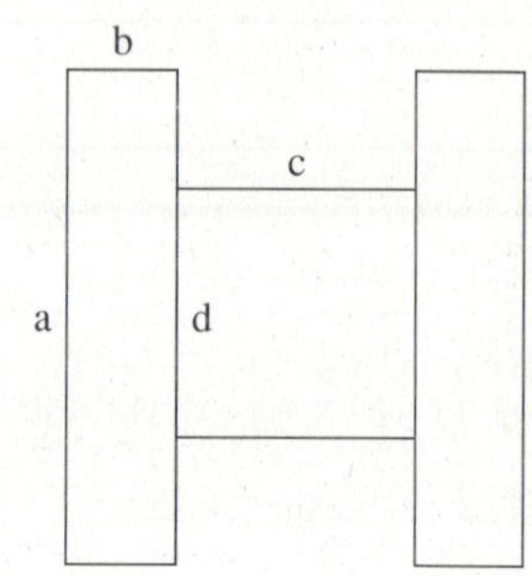

Fig. 2

3 *Terme vereinfachen*

1 Schreibe kürzer.

a) $9 \cdot x =$ 9x ______ b) $12 \cdot y =$ ______
c) $17 \cdot z =$ ______ d) $56 \cdot a =$ ______
e) $b \cdot 7 =$ ______ f) $x \cdot 19 =$ ______
g) $1 \cdot b =$ ______ h) $1a =$ ______

Terme vereinfachen

$9 \cdot x - 11 + 3 \cdot x + 29 - 8$
$= 9x - 11 + 3x + 29 - 8$
$= 9x - 3x + 29 - 11 - 8$
$= 6x + 10$

(1) Vereinheitlichen
(2) Ordnen
(3) Zusammenfassen

2 a) $(-7) \cdot x =$ ______ b) $(-11) \cdot y =$ ______ c) $a \cdot (-6) =$ ______
d) $(-8) \cdot b =$ ______ e) $(-1) \cdot x =$ ______ f) $-1a =$ ______

Schreibe kürzer:
$3 \cdot x = 3x$
$x \cdot 7 = 7x$
$(-3) \cdot x = -3x$
$1 \cdot a = a$
$-1 \cdot a = -a$

3 Vereinfache den Term.

a) $x \cdot 5 + 1 + x \cdot 3$
(1) ______
(2) ______
(3) ______

b) $x \cdot 9 + 6 + 4 - x \cdot 3$
(1) ______
(2) ______
(3) ______

c) $x \cdot 12 + 37 - 3 \cdot x - 18 + 4 \cdot x$
(1) ______
(2) ______
(3) ______

d) $23 \cdot a - 15 + a \cdot 8 - 12 - 3 \cdot a$
(1) ______
(2) ______
(3) ______

$-15 - 12 = -27$

4 a) $5x + 1 - 7x$ b) $7x + 8 + 10 - 8x$

______

c) $10x + 2 - 12x + 8$ d) $9 - 20x - 3 + 14x$

______

zu 3 und 4
$-6x + 6$; $-2x + 10$; $-2x + 1$; $-x + 18$; $6x + 10$; $8x + 1$; $13x + 19$; $28x - 27$

1.1 Schreibe kürzer.
a) $7 \cdot x$ b) $(-8) \cdot c$ c) $(-1)\,1 \cdot g$

3.1 Vereinfache den Term.
a) $x \cdot 7 + 1 \cdot x + 8$ b) $y \cdot 8 + 12 + 10y - 2$

3.2 a) $7 - 13x + 7 + 13x$ b) $28n + 23n - 15 - n + 3$
c) $3g - 3 + 9g + 15 + 10g - 3$ d) $-19k + 23 + 20k + 12 - 35$

4.1 a) $17 \cdot x + 80 - 9 \cdot x - 23 + 40 \cdot x + x \cdot 12 - 40$
b) $150 + 45 \cdot y + 50 + 55 \cdot y - 30 - y \cdot 12 + 100 + y + 1 \cdot y$

4.2 a) $(-40) \cdot d - 30d - d \cdot 5 + 23 + 77 + 25d + 50 \cdot d$
b) $-180 + 35 + u \cdot 80 - 15 + 55u - 13 + 45 \cdot u + u - 60 + 30 \cdot u$

4.3 a) $183x + (-2)\,z - 3x - x \cdot 190 + (-3x)$
b) $200p + (-20p) - 90p - 60 - 120 + 17p - p$

4 *Terme umformen*

1 Löse die Klammer auf.

a) $2x + (8x + 3)$ b) $12y + (9y - 7)$

= ____ = ____

c) $27a - (9a + 8)$ d) $32b - (17b - 8)$

= ____ = ____

e) $3(x + 4)$ f) $-3(x + 2)$

= ____ = ____

Klammern auflösen (1) und **Zusammenfassen** (2)

$5(3x - 4) + 2x$
(1) $= 15x - 20 + 2x$
(2) $= 17x - 20$

$12x + (7x - 2)$
(1) $= 12x + 7x - 2$
(2) $= 19x - 2$

$-5(3x - 4) + 2x$
(1) $= -15x + 20 + 2x$
(2) $= -13x + 20$

$12x - (7x - 2)$
(1) $= 12x - 7x + 2$
(2) $= 5x + 2$

2 Löse die Klammer auf.

a) $3(x + 7)$ b) $9(y - 8)$ c) $8(9 - y)$ d) $3(19 + 8x)$

= ____ = ____ = ____ = ____

e) $-5(3z + 5)$ f) $-8(7a - 5)$ g) $-5(3x - 2y)$ h) $-7(-2x + 5)$

= ____ = ____ = ____ = ____

3 Löse die Klammer auf und fasse zusammen.

a) $17x - (4x + 7)$ b) $30 + (15x - 5)$ c) $56a - (17 + 16a)$

= ____ = ____ = ____

= ____ = ____ = ____

d) $44 - (18y - 19)$ e) $35x + (17x - 8)$ f) $13 - (8 - x)$

= ____ = ____ = ____

= ____ = ____ = ____

4 Löse die Klammer auf und fasse zusammen.

a) $15(2x - 8) + 16$ b) $10(10 + 9y) - 18$ c) $78 + 3(x - 9)$

= ____ = ____ = ____

= ____ = ____ = ____

Gliedweise multiplizieren
$3(x + 4)$
$= 3x + 3 \cdot 4$
$= 3x + 12$

Vorzeichen beachten:

$(+) \cdot (+) \Rightarrow (+)$
$(+) \cdot (-) \Rightarrow (-)$

$17x - (4x + 7)$
$= 17x - 1(4x + 7)$
$= 17x - 4x - 7$

$-4(-6x - 3)$
$= (-4) \cdot (-6x) + (-4)(-3)$
$= 24x + 12$

1.1 Löse die Klammer auf.
a) $5(x + 8)$ b) $11(y - 9)$
c) $9(m + 6)$ d) $19(5 - k)$
e) $75(1 + g)$ f) $18(1 - 19)$

1.2 a) $9(3y + 4)$ b) $8(7z - 19)$
c) $18(5 - 4v)$ d) $25(3r - 6)$

2.1 a) $-4(2s + 5) + 16$ b) $-8(5r - 12) - 17r$
c) $-44(10 - 5z) - 200z$ d) $-10(44 - 8p) + 66$

2.2 a) $45x - 4(x + 3)$ b) $50y + 6(3y + 7)$
c) $33 - 5(-x + 4)$ d) $56 + (19 - 3r)$

3.1 a) $3x + (8x + 3)$ b) $13y + (7y - 8)$
c) $22a - (10a + 9)$ d) $44b + (19b - 9)$
e) $15w + (17w - 9)$ f) $25x - (13x + 7)$

3.2 a) $2a - (12 + 9a)$ b) $19 + (35x - 33)$
c) $8x + (16 - 10x)$ d) $-8y + (y - 6)$
e) $-k - (k + 12)$ f) $m + (19 + 5)$

5 *Gleichungen aufstellen*

1 Stelle die zugehörige Gleichung auf und löse sie.
Addiert man zu einer Zahl 15, so erhält man 32.

(1) Gesuchte Zahl: x

(2) 1. Term 2. Term

x + 15

(3)

(4) x =

Addiert man zu einer Zahl 12, so erhält man 25. Wie heißt die Zahl?

Gesuchte Zahl: x

1. Term	2. Term	(1)	Variable festlegen: was soll gleich sein?
x + 12	25	(2)	Terme aufstellen
x + 12	=	(3)	Gleichung schreiben
x	=	(4)	Gleichung lösen

2 a) Multipliziere 3 mit einer Zahl und addiere 6. Du erhältst 21. Wie heißt die Zahl?

(1) Gesuchte Zahl:

(2) 1. Term 2. Term

(3) =

(4) x =

b) Multipliziere eine Zahl mit 8 und subtrahiere 12. Du erhältst 52.

(1)

(2)

(3)

(4)

c) Man erhält 39, wenn man 6 zum Dreifachen einer Zahl addiert.

(1)

(2)

(3)

(4)

Lösungen werden häufig mit Hilfe der Lösungsmenge angegeben!

x + 12 = 25
x = 13
L = {13}

Du kannst die Lösungen durch Probieren finden!

3 a) Addiere 28 zu einer Zahl. Du erhältst dasselbe, wenn du die Zahl von 30 subtrahierst. Bestimme die Zahl.

(1)

(2)

(3)

(4)

b) Das Produkt aus 3 und einer Zahl ist genau so groß, als wenn du 27 durch diese Zahl dividierst. Bestimme die Zahl.

(1)

(2)

(3)

(4)

c) Multipliziere eine Zahl mit 4 und du erhältst die Differenz aus 25 und dieser Zahl. Bestimme die Zahl.

(1)

(2)

(3)

(4)

zu 1 – 3

1; 3; 5; 5; 8; 11; 17

2.1 a) Subtrahiert man 2 von einer Zahl und addiert das Doppelte der Zahl erhält man 19. Bestimme die Zahl.
b) Dividiert man eine Zahl durch 3 und addiert 10, erhält man 20. Bestimme die Zahl.

2.2 a) Bilde das Produkt aus einer Zahl und 5. Subtrahiere davon die Summe aus 4 und 7. Du erhältst 14. Bestimme die Zahl.
b) Multipliziere die Summe aus 9 und einer Zahl mit 15, dann erhältst du 300. Bestimme die Zahl.

3.1 a) Die Summe aus 25 und einer Zahl ist so groß, wie die Differenz aus 70 und 32. Bestimme die Zahl.
b) Rechnet man 18 − x und multipliziert diese Differenz mit 4 so erhält man die Summe aus 25 und 75.
c) Die Summe aus x und 35 vermehrt um 17 ist so groß wie das Produkt aus 5 und 10.

6 Gleichungen lösen

1 Löse die Gleichung.

a)
$$x + 90 = 110 \quad (-90)$$
$$x = 20$$

L = {

b)
$$9x = 45 \quad (:9)$$

Beispiele:

$$x + 30 = 50 \quad (-30)$$
$$x = 20$$
L = {20}

$$7x = 28 \quad (:7)$$
$$x = 4$$
L = {4}

$$3x + 5 = 17 \quad (-5)$$
$$3x = 12 \quad (:3)$$
$$x = 4$$
L = {4}

$$6x = x + 40 \quad (-x)$$
$$5x = 40 \quad (:5)$$
$$x = 8$$
L = {8}

2 Bestimme die Lösungsmenge.

a) $3x + 2 = 8$ b) $7x - 9 = 61$ c) $4x = 2x + 14$

3 a) $3x + 4 = x + 8$ b) $7x + 4 = 4x + 7$ c) $8x - 13 = 4x + 3$

d) $-2x = 36 - 20x$ e) $-5x = -25x + 80$ f) $-17x = -47x - 120$

−6; 1; 2; 2; 2; 4; 4; 4; 5; 7; 8; 10; 20; 80

Auf beiden Seiten der Gleichung das Gleiche tun!

Man kann es kürzer auch so schreiben:
$$3x + 2 = 8 \quad | -2$$
$$3x = 6 \quad | :3$$
$$x = 2$$

So lange umformen, daß alle x auf der linken Seite stehen, alles andere auf der rechten Seite!
$$-9x = 63 \quad | :(-9)$$
$$x = -\tfrac{63}{9}$$
$$x = -7$$

zu 1 – 3

1.1 a) $x + 40 = 80$ b) $x - 63 = 2$ c) $x + 26 = 26$
d) $40 + x = 55$ e) $15 - x = 12$ f) $-19 + x = 4$
g) $13 = x - 37$ h) $27 = 13 + x$ i) $55 = -x + 155$
j) $x + 36 = 16$ k) $-5 - x = 3$ l) $100 = -x - 200$

2.1 a) $4x = 12$ b) $12x = 72$ c) $11x = 88$
d) $5x = -85$ e) $13x = -117$ f) $-7x = 63$
g) $110x = 22$ h) $-75x = 25$ i) $3x = 5$
j) $25x = 225$ k) $-18x = -72$ l) $4x = -7$

2.2 a) $4x + 5 = 85$ b) $7x - 19 = 96$ c) $3x + 12 = -24$
d) $15x - 30 = 60$ e) $20x + 33 = 113$ f) $18x - 108 = 36$
g) $-3x + 66 = 87$ h) $-2x - 44 = 0$ i) $-5x + 75 = 5$
j) $6x - 33 = 3$ k) $12x - 156 = 48$ l) $-9x - 18 = 81$

3.1 a) $7x = 3x + 16$ b) $5x = 72 + 3x$ c) $11x = 85 + 6x$
d) $4x = 21 - 3x$ e) $5x = 48 - 7x$ f) $x = 39 - 12x$
g) $-5x = 96 + 13x$ h) $-4x = 42 - 10x$ i) $-x = -13x + 36$
j) $15x = 90 + 5x$ k) $3x = -64 - 8x$ l) $-3x = 72 - 18x$

7 Sachaufgaben mit Gleichungen lösen

1 Löse mit einer Gleichung.
Herr Jung kauft einen Fernseher für 1 200 DM. Er zahlt 500 DM an. Wieviel DM beträgt die Restzahlung?

Ein Stofftier wird verschickt. Das Päckchen wiegt 350 g, die Verpackung 50 g. Wieviel g wiegt das Stofftier?

Gewicht des Stofftieres: x	(1) Variable festlegen
1. Term 2. Term $x + 50 = 350$	(2) Terme aufstellen (was soll gleich sein?)
$x + 50 = 350$	(3) Gleichung schreiben
-50 ($x + 50 = 350$; $x = 300$) -50	(4) Gleichung lösen
Das Tier wiegt 300 g.	(5) Antwort

2 Stelle eine Gleichung auf und löse dann.

a) Klaus spart für einen CD-Player. Das Gerät kostet 436 DM. Er hat schon 185 DM zusammen. Bestimme den Rest.

b) Vor zwei Jahren regnete es an 168 Tagen. Das waren 28 Tage mehr als im letzten Jahr. Wie viele Tage waren es da?

c) Für ein Buch und 5 gleiche Kalender zahlt Saskia 63 DM. 1 Kalender kostet 8 DM. Wie teuer ist das Buch?

d) Für einen Zwölferkasten Cola zahlt Rena mit Pfand 18,48 DM. Eine Flasche kostet 0,99 DM. Wieviel DM kostet das Pfand?

✓ zu 1 – 2

6,60; 23; 140; 251; 700

Stelle eine Gleichung auf und löse dann.

3 Frau Müller kauft eine Küche für 1 250 DM. Sie zahlt 125 DM an. Der Rest verteilt sich auf 6 gleiche Raten. Wieviel DM beträgt eine Rate?

4 Die Klassenfahrt kostet insgesamt 5 175 DM. Aus der Schulkasse werden 500 DM Zuschuß gezahlt. Wieviel DM muß jeder der 23 Schüler noch bezahlen?

5 Die lange Seite eines Rechtecks soll 3 mal so lang sein wie die kurze. Der Umfang soll 88 cm sein. Bestimme die Länge der Seiten.

6 Ein 57 cm langer Stab soll so in zwei Teile zerlegt werden, daß ein Teil um 13 cm länger ist als der andere. Wie lang müssen die Teile werden?

7 Ina ist 3 Jahre älter als Uwe. Zusammen sind beide 29 Jahre alt. Wie alt ist jeder?

8 Bei einem Fernsehverleih gibt es zwei Angebote:
A: Einmalige Zahlung von 60 DM und pro Leihtag 10 DM.
B: Keine einmalige Zahlung; pro Leihtag 12 DM.
Nach wie vielen Leihtagen kosten beide Angebote gleich viel?

8 Bunte Mischung

1 a) Gib einen Term zur Berechnung der schraffierten Fläche an.

____

b) Setze für a = 2 cm; b = 7 cm ein.

____

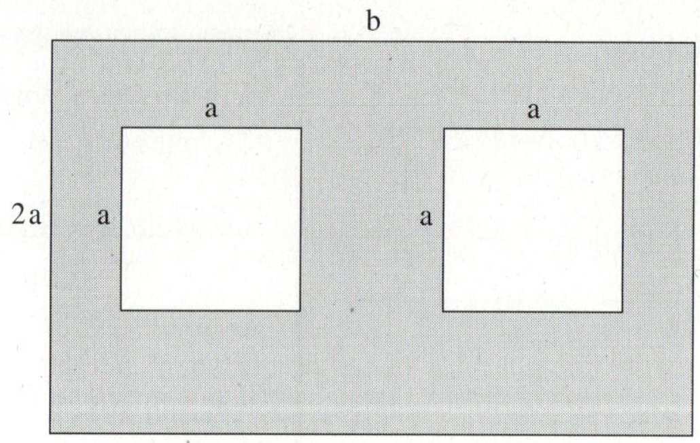

Flächeninhalt des Rechtecks:
A = a · b

Flächeninhalt des Quadrates:
$A = a^2$

2 Fülle die Tabelle aus.

a)

x	0	1	−1	2	−2
x + 5					

b)

a	5	−5	−15	1,2	−1,2
2a − 3					

3 Schreibe den Term mit der Variable x. Berechne für x = 6.

a) Das Doppelte einer Zahl.

b) Eine um 5 vergrößerte Zahl.

c) Das Fünffache einer Zahl verkleinert um 4.

d) Ein Drittel einer Zahl vergrößert um 5.

✓ zu 3
7; 11; 12; 26

4 Bei einem Rechteck soll eine Seite doppelt so lang wie die andere, der Umfang 24 cm sein. Eine Gleichung zur Berechnung der Seitenlängen ist
24 = a + 2a + a + 2a.

a) Berechne die Länge der beiden Seiten.

b) Berechne die Seitenlängen für ein Rechteck, bei dem die eine Seite dreimal so lang ist wie die andere, der Umfang 64 cm beträgt.

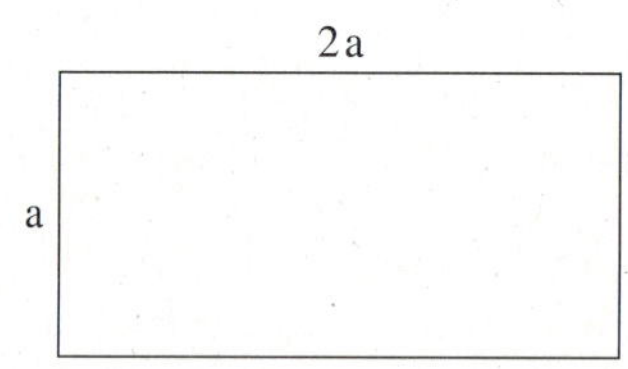

5 Löse die Gleichung.

a) 5x + 9 = 29 b) −4x − 5 = 23 c) 13x + 18 = 5

✓ zu 5
−1; 5; 7

1.1 Gib einen Term zur Berechnung des Umfangs an.

a)
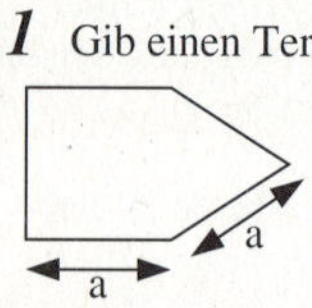

b)

c)
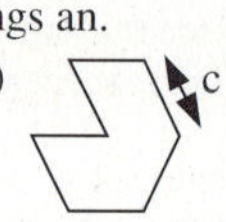

2.1 Übertrage in dein Heft und fülle aus.

x	8	−5	−3	6	4
14x − (3x + 15x)					
14x − 3x − 5x					

3.1 Schreibe den Term mit der Variablen x. Berechne für den angegebenen x-Wert.

a) Das Siebenfache vermindert um 4. (x = 1,5)

b) Ein Fünftel vergrößert um 9. (x = 20)

c) Eine um 3 vergrößerte Zahl multipliziert mit 2. (x = 23)

5.1 Löse die Gleichung.

a) 5x + 3 = 28 b) 7y − 5 = 30 c) 8 + 4z = 48

d) 3x + 10 = 20 e) 4y − 9 = 14 f) 9 + 5z = 77

DIPLOM

1	Berechne schrittweise. $3 \cdot 12 - 2 + 3 \cdot 4$	Berechne schrittweise. $(120 - 6) \cdot 3 + 4 \cdot 3$	Berechne schrittweise. $(120 - 10 \cdot 3) - 2 \cdot (3 + 4)$
2	Beschreibe den Rand der Figur durch einen Term. Berechne den Term für a = 3 cm. 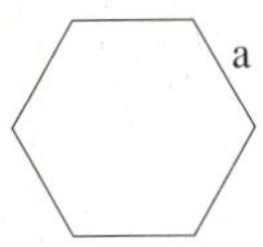 	Beschreibe den Rand der Figur durch einen Term. Berechne den Term für a = 1 cm, b = 5 cm. 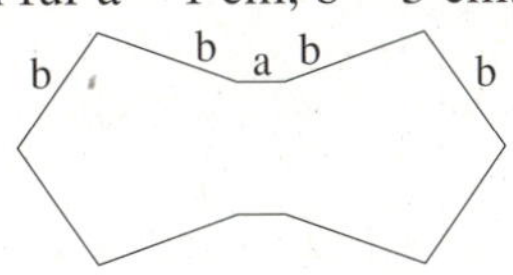 	Beschreibe den Flächeninhalt der Figur durch einen Term. Berechne für a = 1 cm, b = 2 cm. 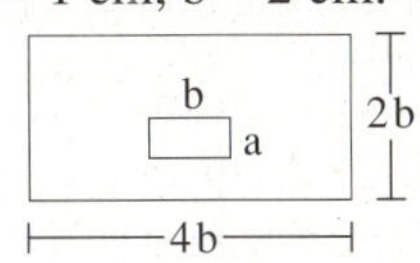
3	Vereinfache den Term. $x \cdot 8 + 1 + 4 \cdot x$	Vereinfache den Term. $y \cdot 6 + 12 + 10y - 5$	Vereinfache den Term. Berechne für y = 0,25. $y \cdot 6 + 12 - 10y - 53$
4	Löse die Klammer auf und fasse zusammen. $15x - (3x - 3)$	Löse die Klammer auf und fasse zusammen. $15(2x - 10) + 30$	Löse die Klammer auf und fasse zusammen. Berechne für $x = \frac{1}{4}$. $15(2x - 10) + 30x + 200$
5	Schreibe die Gleichung auf und löse sie. Subtrahiert man von einer Zahl 25, so erhält man 13.	Schreibe die Gleichung auf und löse sie. Multipliziert man die Summe aus x und 15 mit 3, so erhält man 60.	Schreibe die Gleichung auf und löse sie. Multipliziert man die Summe aus x und 15 mit 3 und subtrahiert 20, so erhält man die Summe aus 10 und 30.
	Bronze:	Silber:	Gold:

1 Flächeninhalt und Umfang von Rechtecken

1 Berechne Flächeninhalt und Umfang des Rechtecks: a = 6 cm, b = 8 cm

(1) A = a · b ______ (1) U = ______

(2) A = ______ (2) U = ______

(3) A = ______ = ______

(3) U = ______

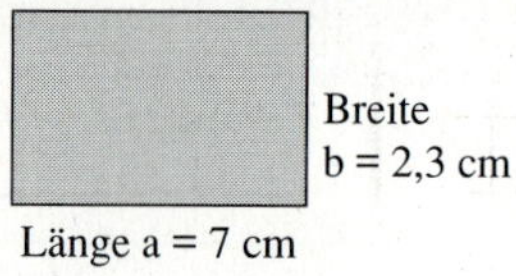

Lösungsschritte:
(1) Formel notieren
(2) Zahlen einsetzen und berechnen
(3) Lösung angeben

Flächeninhalt
(1) A = a · b
(2) A = 7 cm · 2,3 cm
(3) A = 16,1 cm^2

Umfang
(1) U = (a + b) · 2
(2) U = (7 cm + 2,3 cm) · 2
= 9,3 cm · 2
(3) U = 18,6 cm

⚠ Eine andere Formel für die Berechnung des Umfangs: U = 2 · a + 2 · b

2 Berechne die fehlenden Größen des Rechtecks.

	a)	b)	c)	d)	e)
Länge a	4,5 cm	70 cm	2,5 cm	6 cm	
Breite b	3 cm	70 cm	12 cm		3,2 cm
Flächeninhalt A	cm^2			78 cm^2	
Umfang U	cm				16,4 cm

⚠

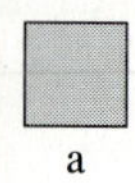

Quadrat
A = a · a = a^2
U = 4 · a

3 Der Raum wird mit Teppichboden ausgelegt. Berechne den Flächeninhalt.

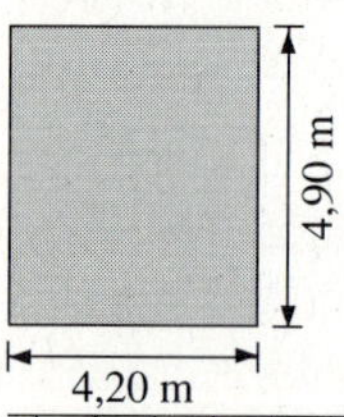

4 Ein quadratisches Grundstück ist 24 m lang.
a) Berechne den Flächeninhalt.
b) Berechne den Umfang.

⚠ Man kann die Längen auch mit l und b bezeichnen.

5; 13; 13,5; 15; 16; 20,58; 28; 39; 30; 38; 48; 96; 280; 576; 4 900

✓ zu 1 – 4

1.1 Berechne Flächeninhalt und Umfang des Rechtecks.
a) a = 14 m, b = 5 m b) a = 21 cm, b = 7 cm c) a = 25 cm, b = 8 cm d) a = 7 m, b = 35 m

2.1 Berechne die fehlenden Größen des Rechtecks.

	a)	b)	c)	d)	e)
Länge a	6 m	4,1 cm	7,5 cm		1,2 cm
Breite b	12 m	8 cm	6 cm	9 cm	
Flächeninhalt A				31,5 m^2	
Umfang U					5,4 cm

3.1 Berechne den Flächeninhalt des Rechtecks.
a) Länge a = 3 cm, Breite b = 1,3 cm b) Länge a = 4 cm, Breite b = 3,6 cm c) Länge a = 7,2 cm, Breite b = 6 cm

4.1 Berechne Flächeninhalt und Umfang des Quadrats mit der Seitenlänge:
a) 18 cm b) 20 cm c) 30 cm d) 27 cm e) 35 cm
f) 3,3 m g) $\frac{1}{2}$ m h) 100 m i) 72,5 cm j) $8\frac{1}{4}$ m

4.2 Das Wohnzimmer wird mit neuem Teppichboden ausgelegt, es ist 4,80 m lang und 4,50 m breit. Berechne den Flächeninhalt.

4.3 Eine Schaufensterscheibe muß ersetzt werden. Sie ist 2,60 m lang und breit. Berechne die Größe der Scheibe und die Länge der Seiten.

4.4 Ein Baugrundstück ist 22 m lang und 18,50 m breit.
a) Berechne den Flächeninhalt. b) Berechne den Umfang.

2 *Flächen berechnen*

1 Berechne den Flächeninhalt. Miß dazu jeweils Grundseite und Höhe.

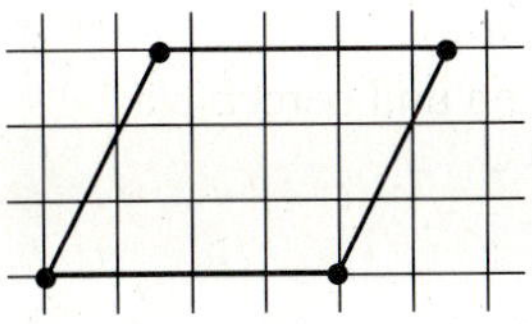

(1) $A = g \cdot h$

(2) A = __________

(3)   = __________

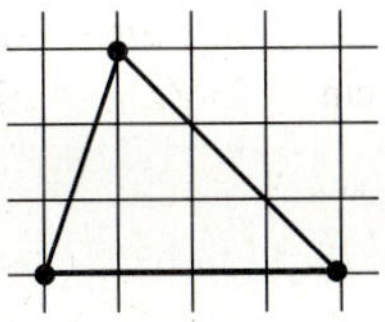

(1) $A = \frac{g \cdot h}{2}$

(2) $A = \frac{\cdot}{2}$ __________

(3)   = __________

Flächeninhalt vom Parallelogramm

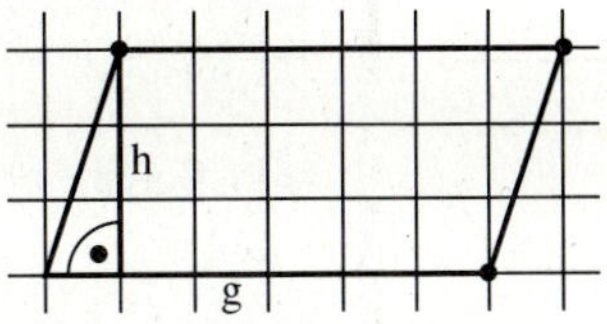

(1) $A = g \cdot h$

(2) $A = 3\text{ cm} \cdot 1{,}5\text{ cm}$

(3) $A = 4{,}5\text{ cm}^2$

Dreieck

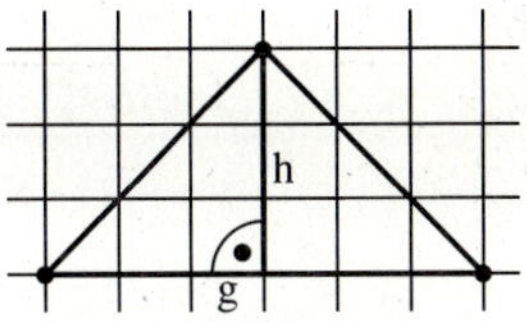

(1) $A = \frac{g \cdot h}{2}$

(2) $A = \frac{3\text{ cm} \cdot 1{,}5\text{ cm}}{2}$

(3) $A = 2{,}25\text{ cm}^2$

2 Berechne den Flächeninhalt des Parallelogramms.

	a)	b)
Grundseite g	15 cm	20 cm
Höhe h	6 cm	10 cm
Flächeninhalt A		

3 Berechne den Flächeninhalt des Dreiecks.

	a)	b)
Grundseite g	8 cm	12 cm
Höhe h	6 cm	5 cm
Flächeninhalt A		

4 Ein Dreieck hat folgende Maße:
$g = 16\text{ cm}$ und $h = 4{,}8\text{ cm}$.
Berechne den Flächeninhalt.

A = __________

5 Ein Trapez hat folgende Maße:
$a = 22\text{ cm}$, $c = 8{,}4\text{ cm}$, $h = 3{,}6\text{ cm}$.
Berechne den Flächeninhalt.

A = __________

⚠ Flächeninhalt vom Trapez

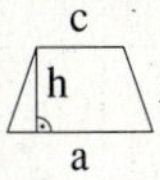

$A = \frac{a + c}{2} \cdot h$

2,5; 5; 24; 30; 38,4; 54,72; 90; 200

✓ zu 1 – 5

1.1 a) Miß jeweils Grundseite und Höhe von Figur 1 und 2.
b) Berechne den Flächeninhalt.

Fig. 1

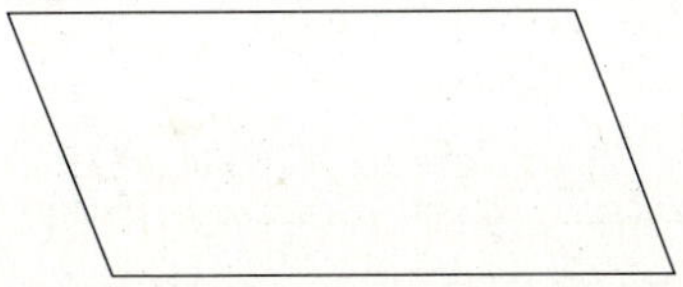

Fig. 2

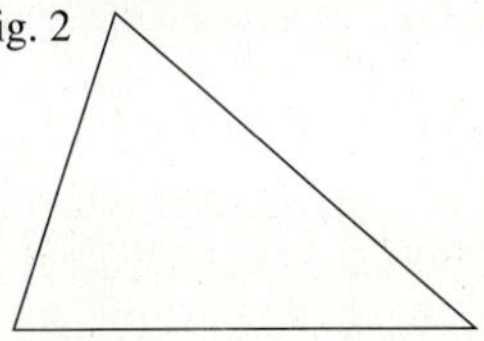

2.1 Berechne den Flächeninhalt des Parallelogramms.

	a)	b)	c)	d)	e)
Grundseite g	4,8 cm	1,9 cm	34 cm	24 cm	65 cm
Höhe h	2,6 cm	1,3 cm	9,5 cm	4,8 cm	21 cm

3.1 Berechne den Flächeninhalt des Dreiecks

	a)	b)	c)	d)	e)
Grundseite g	6,5 cm	21 cm	9,2 cm	42 cm	56 cm
Höhe h	8 cm	8,3 cm	6,1 cm	8,4 cm	11 cm

4.1 Ein Dreieck hat folgende Maße: $g = 5{,}7\text{ cm}$, $h = 6{,}2\text{ cm}$.
Berechne den Flächeninhalt.

5.1 Ein Trapez hat folgende Maße: $a = 14\text{ cm}$, $c = 6{,}8\text{ cm}$, $h = 3{,}4\text{ cm}$. Berechne den Flächeninhalt.

3 *Volumen und Oberflächeninhalt von Quadern*

1 Ein Quader hat die Kantenlängen
$a = 10$ cm, $b = 3$ cm, $c = 5$ cm. Berechne:
a) das Volumen b) den Oberflächeninhalt

$V = a \cdot b \cdot c$

=

=

$O = 2 \cdot a \cdot b + 2 \cdot a \cdot c + 2 \cdot b \cdot c$

=

=

=

Ein Quader hat die Kantenlängen:
$a = 5$ cm, $b = 4$ cm und $c = 3$ cm.

Volumen

(1) $V = a \cdot b \cdot c$

(2) $V = 5\,cm \cdot 4\,cm \cdot 3\,cm$

(3) $V = 60\ cm^3$

Oberflächeninhalt

(1) $O = 2 \cdot a \cdot b + 2 \cdot a \cdot c + 2 \cdot b \cdot c$

(2) $O = 2 \cdot 5\,cm \cdot 4\,cm + 2 \cdot 5\,cm \cdot 3\,cm + 2 \cdot 4\,cm \cdot 3\,cm$

(3) $O = 40\ cm^2 + 30\ cm^2 + 24\ cm^2$

$O = 94\ cm^2$

2 Berechne das Volumen des Quaders.

	a)	b)	c)
Länge l	7 cm	8 cm	6 cm
Breite b	4 cm	3 cm	9 cm
Höhe h	5 cm	5 cm	4 cm
Volumen V			

3 Berechne die fehlende Größe des Quaders.

	a)	b)	c)
Länge l	15 cm	11 cm	
Breite b	4 cm		7 cm
Höhe h		5 cm	6 cm
Volumen V	300 cm^3	165 cm^3	252 cm^3

3; 5; 6; 190; 120; 140; 150; 216

4 Berechne das Volumen des Würfels.

	a)	b)	c)
Kantenlänge a	2 cm	3 cm	4 cm
Volumen V			

5 Berechne den Oberflächeninhalt des Quaders.

	a)	b)	c)
Länge a	2 cm	5 cm	8 cm
Breite b	3 cm	6 cm	5 cm
Höhe c	4 cm	5 cm	2 cm
$2 \cdot a \cdot b$			
$2 \cdot a \cdot c$			
$2 \cdot b \cdot c$			
O			

6 Berechne den Oberflächeninhalt des Würfels.

	a)	b)	c)
Kantenlänge a	6 cm	5 cm	10 cm
$6 \cdot a^2$			
Oberflächeninhalt O			

52; 132; 150; 170; 216; 600; 8; 27; 64

Quader

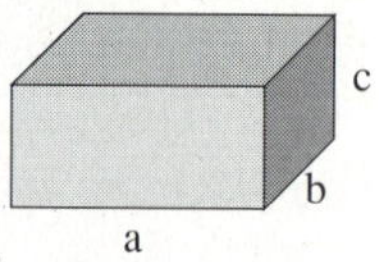

Würfel

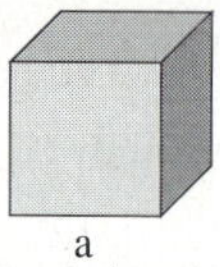

$V = a \cdot a \cdot a = a^3$
$O = 6\,a^2$

✓ zu 1 – 3

Eine andere Formel für die Berechnung des Oberflächeninhalts:
$O = (a \cdot b + a \cdot c + b \cdot c) \cdot 2$

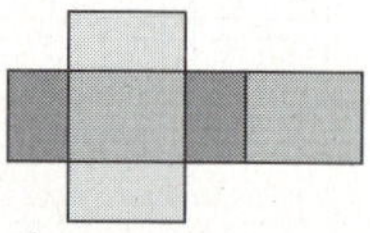

✓ zu 4 – 6

2.1 Berechne das Volumen des Quaders.

	a)	b)	c)	d)	e)
Länge l	7 cm	6,4 cm	15 cm	12 cm	25 cm
Breite b	9 cm	2,5 cm	16 cm	12 cm	8 cm
Höhe h	3 cm	7 cm	20 cm	13 cm	11 cm

3.1 Berechne die fehlende Größe des Quaders.

	a)	b)	c)	d)	e)
Länge l	6 cm	4,4 cm	18 cm	8 cm	21 cm
Breite b	7 cm	5,5 cm	14 cm	7 cm	
Höhe h	3 cm	9 cm	26 cm		5 cm
Volumen V				336 cm^3	840 cm^3

4.1 Berechne das Volumen des Würfels mit der Kantenlänge
a) a = 7 cm b) a = 9,5 cm c) l = 14 cm d) l = 25 m
e) a = 13 cm f) a = 6,4 cm g) l = 22 cm h) l = 79 m

5.1 Berechne den Oberflächeninhalt des Quaders.

	a)	b)	c)	d)	e)
Länge a	5 cm	6 cm	12 cm	25 cm	16 cm
Breite b	7 cm	8 cm	10 cm	4 cm	12 cm
Höhe c	7 cm	7 cm	8 cm	7 cm	15 cm

5.2 Berechne den Oberflächeninhalt des Würfels mit der Kantenlänge: a) l = 9 cm b) a = 6,2 cm c) a = 9,1 cm
d) a = 11 cm e) a = 8,2 cm f) l = 3,3 cm g) l = 19 cm

4 *Volumen von Prismen*

1 a) Berechne die Grundfläche.
b) Berechne das Volumen des Körpers.

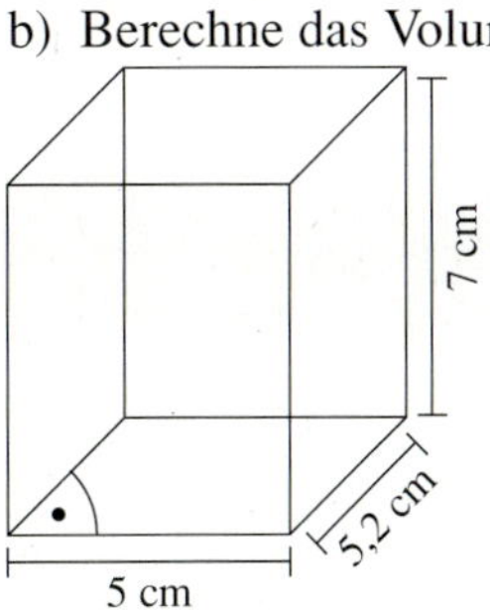

G = 5 · ______

= ______

V = ______

= ______

Volumen von geraden Prismen	Quader	Dreiecksäule
	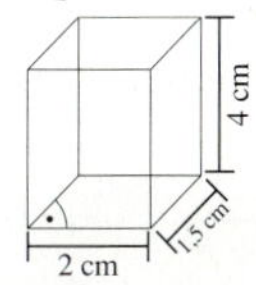	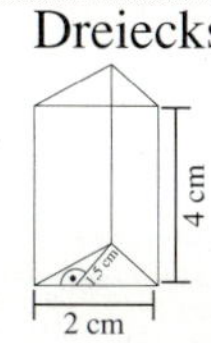
(1) Grundfläche berechnen (2) Volumen berechnen: Grundfläche mal Körperhöhe	(1) $G = 2\text{ cm} \cdot 1{,}5\text{ cm} = 3\text{ cm}^2$ (2) $V = 3\text{ cm}^2 \cdot 4\text{ cm} = 12\text{ cm}^3$	(1) $G = \frac{2\text{ cm} \cdot 1{,}5\text{ cm}}{2} = 1{,}5\text{ cm}^2$ (2) $V = 1{,}5\text{ cm}^2 \cdot 4\text{ cm} = 6\text{ cm}^3$

2 a) Berechne die Grundfläche.
b) Berechne das Volumen des Körpers.

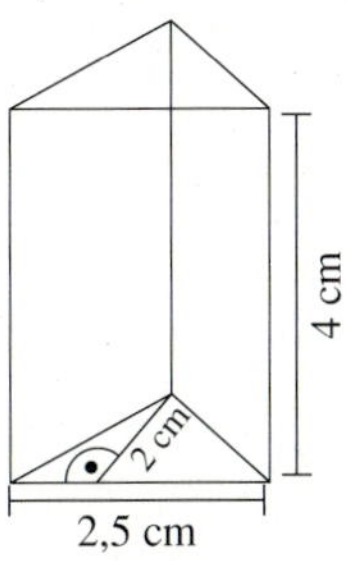

3 a) Berechne die Grundfläche.
b) Berechne das Volumen des Körpers.

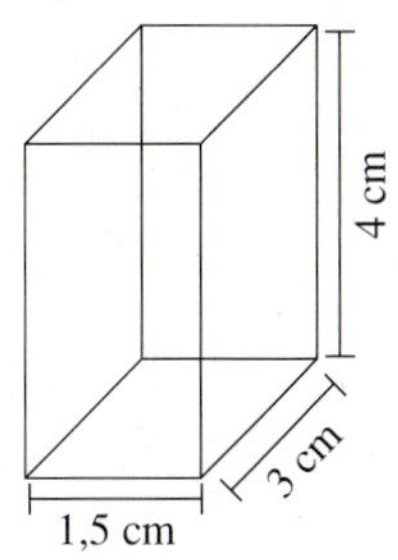

Manchmal schreibt man die Formel für die Berechnung des Volumens so:
$V = A_G \cdot k$
Grundfläche mal Körperhöhe

4 Berechne das Volumen des Körpers.

a)

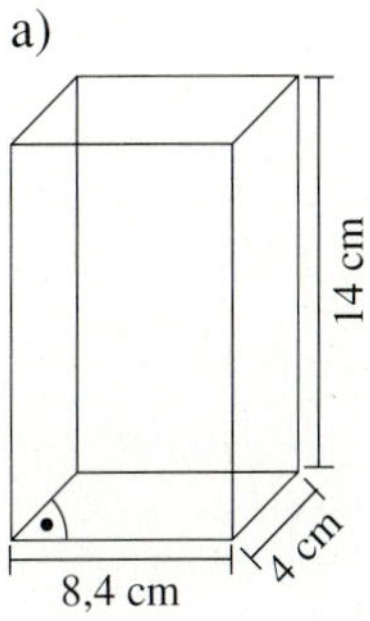

b)

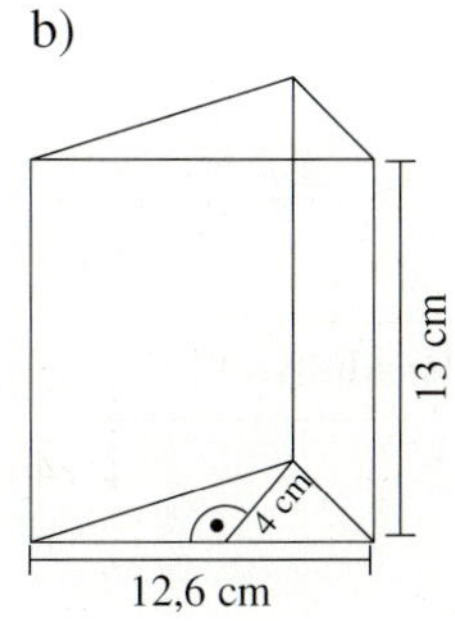

Dreiecks**säulen** werden auch Dreieck**prismen** genannt.

ein Prisma
zwei Prismen

2,5; 4,5; 25,2; 26; 33,6; 10; 18; 182; 327,6; 470,4

✓ zu 1 – 4

1.1 Berechne a) die Grundfläche, b) das Volumen des Quaders mit a = 8 cm, b = 7 cm, Körperhöhe 15 cm.

2.1 Berechne a) die Grundfläche, b) das Volumen des Dreieckprismas mit g = 9 cm, h = 6 cm, Körperhöhe 8 cm.

3.1 Berechne a) die Grundfläche, b) das Volumen des Dreieckprismas mit g = 4 cm, h = 6 cm, Körperhöhe 9 cm.

4.1 Berechne den Rauminhalt der Körper (Fig. 1 bis Fig. 3).

Fig. 1

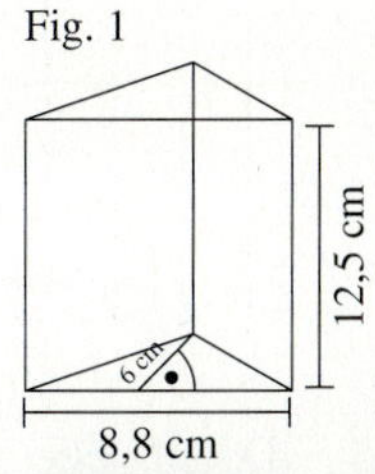

Fig. 2

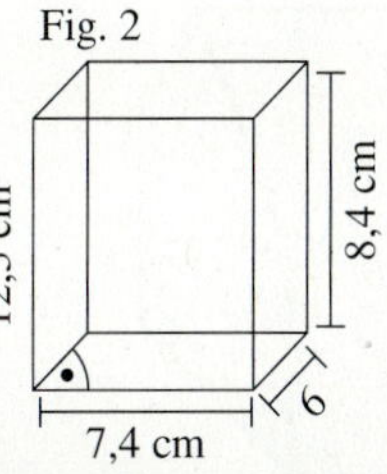

Fig. 3

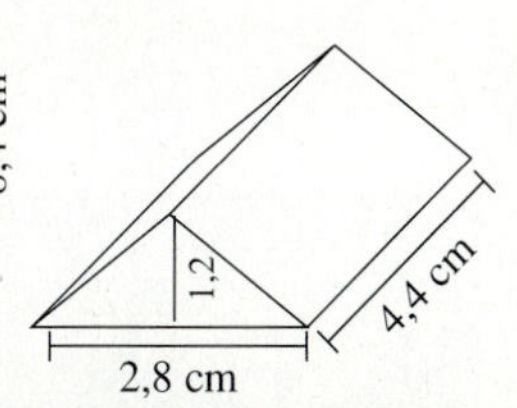

5 *Hausbau*

1 Die Baugrube wird ausgehoben.

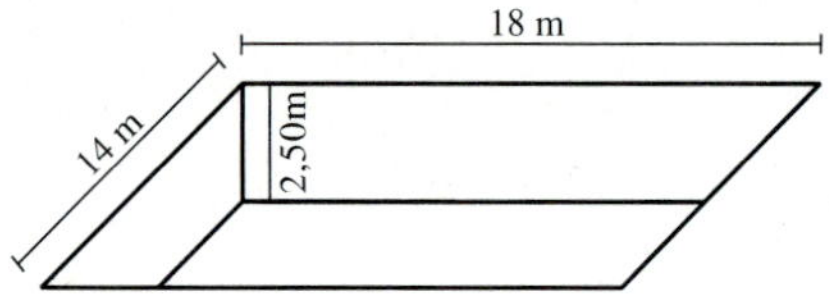

Wieviel m^3 Boden muß ausgehoben werden?
a) Berechne das Volumen der Baugrube.

m^3 Erde müssen ausgehoben werden.

b) Ein LKW faßt 9 m^3 Erde.
Wie viele Fuhren sind nötig?

Fuhren sind nötig.

2 Alle Keller-, Wohn- und Dachräume eines Hauses nennt man „umbauter Raum“.

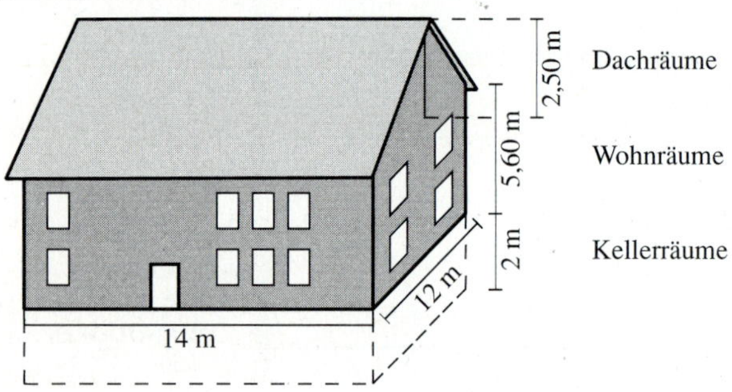

Berechne den umbauten Raum für
a) die Kellerräume:

Kellerräume: m^3

b) die Wohnräume:

Wohnräume m^3

c) die Dachräume:

Dachräume: m^3

d) das gesamte Haus:

m^3

3 Das Dach wird gedeckt.
a) Berechne die Dachfläche.

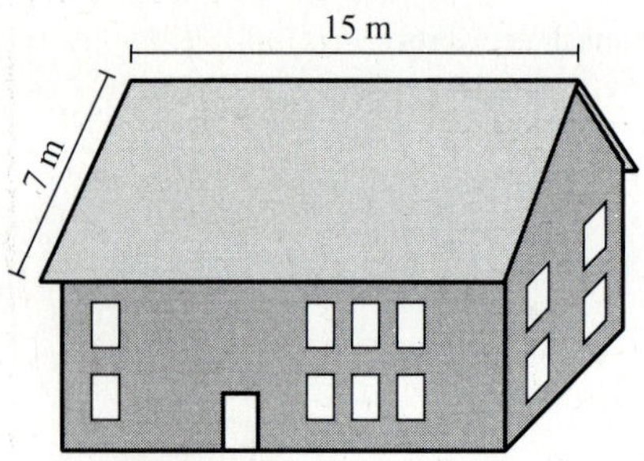

Für 1 m^2 braucht man 12 Ziegel.
b) Wie viele Ziegel braucht man für das ganze Dach?

Dachfläche m^2

Man braucht Ziegel.